核应急
辐射防护

王百荣 / 主编

中国环境出版集团 · 北京

图书在版编目（CIP）数据

核应急辐射防护/ 王百荣主编. —北京：中国环境出版集团，2021.9

中国核应急救援队理论培训系列教材 / 蒋志刚，王百荣主编

ISBN 978-7-5111-4769-1

Ⅰ. ①核… Ⅱ. ①王… Ⅲ. ①辐射防护—教材 Ⅳ. ①TL7

中国版本图书馆 CIP 数据核字（2021）第 122469 号

出 版 人 武德凯
责任编辑 田 怡
责任校对 任 丽
封面设计 彭 杉

出版发行 中国环境出版集团
（100062 北京市东城区广渠门内大街 16 号）
网 址：http：//www.cesp.com.cn
电子邮箱：bjgl@cesp.com.cn
联系电话：010-67112765（编辑管理部）
发行热线：010-67125803，010-67113405（传真）
印 刷 北京中科印刷有限公司
经 销 各地新华书店
版 次 2021 年 9 月第 1 版
印 次 2021 年 9 月第 1 次印刷
开 本 710×1000 1/16
印 张 14.25
字 数 187 千字
定 价 108.00 元

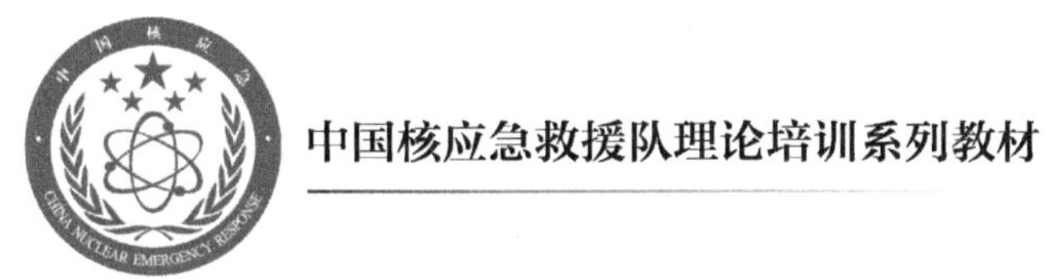

编审委员会

《核应急辐射防护》

编写人员

主　　编：王百荣

编写人员：来永芳　张文仲　黄伟奇　孙　健
秦婉云　高　蕊　李京辉

总序

原子的发现和核能的开发利用给人类社会发展带来了新的动力，极大地增强了人类认识世界和改造世界的能力。核能的发展伴随着核安全风险和挑战。人类要更好地利用核能、实现更大的发展，必须创新核技术、确保核安全、做好核应急。核安全是核能事业持续健康发展的生命线，核应急是核能事业持续、健康发展的重要保障。

我国始终把核安全放在核能事业的首要位置，坚持总体国家安全观，倡导理性、协调、并进的核安全观，秉持为发展求安全、以安全促发展的理念，始终追求发展和安全两个目标的有机融合。我国核电机组运行业绩良好，迄今未发生国际核事件分级表（INES）2 级及以上的运行事件，运行指标普遍处于世界核电运营者协会（WANO）中值以上，核设施周边环境辐射水平处于正常范围，核电厂的核辐射安全处于受控状态。即便如此，核事故影响无国界，核应急管理无小事。我国作为负责任的大国，在总结三里岛核事故、切尔诺贝利核事故、福岛核事故教训的基础上，更加深刻地认识到核应急的极端重要性，持续加强和改进核应急准备与响应工作，不断提升核安全保障水平。2016 年 5 月，中国核应急救援队正式成立。作为国家核应急力量的重要组成部分，中国核应急救援队主要承担复杂条件下核电厂重特大核事故的抢险救援和紧急处置任务，以支援核电厂有效遏制事故、封控污染源头、减轻危害后果及搜救场内人员为主要目标，为核电厂营运单位和涉核集团、公司的救援力量提供强有力的支援；同时兼顾承担军地其他核设施、核装备发生重特大核事故及核恐怖袭击事件的应急处置和救援任务，并可参与国际核应急救援行动。

为了提高中国核应急救援队完成任务的能力，我国配套建立了救援队训练基地，包括理论教学训练基地、操作技能训练基地、事故场景模拟训练基地。其中，理论教学训练基地依托陆军防化学院，主要承担救援队骨干力量理论培训、局域网桌面推演以及国际交流等任务，同时担负国家赋予的其他培训任务。依据《中国核应急救援队理论教学基地教学大纲》，我们组织编写了“中国核应急救援队理论培训系列教材”。主要包括：

- 核应急辐射防护
- 核电技术及发展
- 核电厂安全与事故分析
- 核应急准备
- 核应急指挥
- 核事故后果评价与辅助决策
- 核应急辐射监测
- 核应急放射性去污
- 核应急医学救援
- 核事故应急案例分析
- 严重核电事故情景库
- 核应急演习

“中国核应急救援队理论培训系列教材”涉及核应急辐射防护、核电技术及发展、核电厂安全与事故分析、核应急准备等相关核应急专业基础知识，核应急指挥、核事故后果评价与辅助决策、核应急辐射监测、核应急放射性去污和核应急医学救援等核应急专业知识，以及核事故应急案例分析、严重核事故情景库、核应急演习等核应急综合应用的内容。本系列教材的编写目的是培养掌握核应急相关基础理论和核应急行动专业知识，具备良好核应急文化素养，能够胜任中国核应急救援队岗位的核应急骨干人才。

本系列教材既是中国核应急救援队理论培训教材，也可供核应急工作者参考。

由于时间仓促，涉及的内容广，加之编委会实践经验和认知水平有限，难免有错误或不当之处，衷心盼望有关专家和广大读者不吝赐教，提出宝贵意见，以便改正。

“中国核应急救援队理论培训系列教材”编委会

2021 年 6 月

前言

本书是“中国核应急救援队理论培训系列教材”的重要组成部分。辐射防护是核应急人员必备的专业基础和专业知识。本书共分 7 章：

第 1 章 核与辐射基础。主要介绍原子与原子核、放射性衰变、核裂变与核聚变、射线与物质的相互作用等，使接受培训者对核与辐射具有基本认知。

第 2 章 核与辐射应用。主要介绍辐射来源及分类、辐射源的应用、辐射源的安全与防护要求、核燃料循环、核武器及放射性武器、核与辐射突发事件，使接受培训者了解核与辐射应用及核与辐射突发事件的基本特点。

第 3 章 常用辐射量及单位。主要介绍辐射场、辐射剂量、辐射防护量与辐射监测的常用量，使接受培训者能了解并理解常用辐射量及其单位，以及不同量之间的关系。

第 4 章 辐射生物效应。主要介绍辐射作用于人体的途径、对人体的损伤机理、辐射生物效应分类、辐射损伤的影响因素等，使接受培训者对辐射生物效应具有较全面的认识，为后续辐射防护奠定基础。

第 5 章 电离辐射防护。主要介绍辐射防护的目的和任务、原则和一般方法，我国现行剂量限值及相关控制量、应急人员的防护，以及应急情况下公众的防护，使接受培训者能掌握应急条件下应用于自身的防护措施和对公众防护的指导。

第 6 章 个人剂量监测。主要介绍个人剂量监测目的与内容、监测方法和设备以及个人外照射剂量监测和甲状腺监测，使接受培训者能掌握应急条件下个人剂量监测，为应急人员剂量控制和医学救治提供依据。

第 7 章 应急干预水平。主要介绍国际原子能机构（IAEA）最新干预原则、公众的干预水平、应急人员的受照剂量指导值，为应急人员和公众防护提供指导依据。

考虑到接受培训者专业水平和知识结构的不同，培训中可根据接受培训者的特点取舍培训内容。本书既是中国核应急救援队理论培训教材，也可用于核辐射防护相关的其他培训或为核应急工作提供参考。

本书由王百荣主编，来永芳、张文仲、黄伟奇、孙健、秦婉云、高蕊、李京辉参加编写。由于时间和编者水平有限，书中难免有不妥之处，诚望广大读者提出宝贵意见，以便再版时加以修正。

编者

2021 年 6 月

目 录

第 1 章　核与辐射基础

1.1　原子与原子核

1.1.1　原子

1.1.1.1　原子的结构

自然界的所有物质都是由各种元素组成的，而元素是由原子序数相同的原子组成的，如碳（C）、氡（Rn）、碘（I）、钴（Co）等都是元素。元素周期表中标识元素次序的数字称为该元素的原子序数，通常用 Z 来表示。

原子直径一般很小，以 10^{-10} m 为数量级。原子质量也很轻，一个碳-12（^{12}C）原子的质量为 $1.992\ 678\times10^{-26}$ kg，原子铀-238 的质量也只有 $3.952\ 1\times10^{-25}$ kg。为了应用方便，原子的质量用原子质量单位表示。原子质量单位定义为一个 ^{12}C 中性原子处于基态时静止质量的 1/12，记作 1 u。这种原子质量单位又称碳单位。

$$1\ \text{u}=1.992\ 678\times10^{-26}/12=1.660\ 565\times10^{-27}\ (\text{kg})$$

原子由原子核和围绕原子核按一定轨道运行的电子组成（图 1-1），以 u 为单位表示的元素原子质量都接近一个整数，此整数就称为该元素原子的相对原子质量数，它表示原子核中的核子数目，通常用 A 表示。

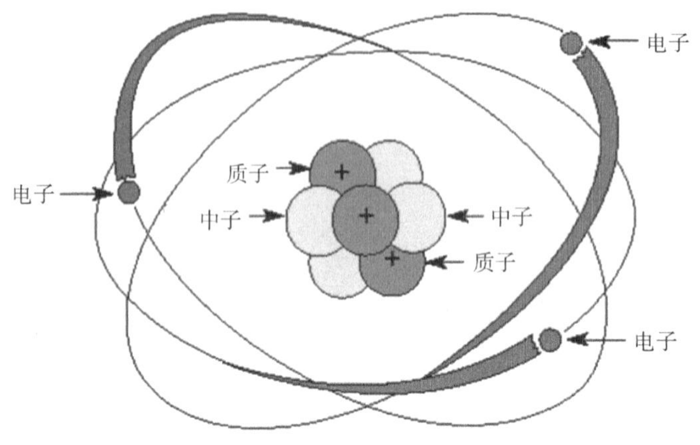

图 1-1　原子结构示意

1.1.1.2　原子的能级

原子核外的电子以椭圆或圆形轨道绕原子核旋转，这些确定的轨道构成了一系列壳层，电子在各自轨道上具有的能量是特定、不连续的，因此也将这些能量数值不连续的壳层称作能级。壳层自内向外用字母 K、L、M、N、O、P、Q……表示，图 1-2 为氢原子的能级，图中每条横线代表一个能级，横线间的距离表示能级间隔（或能量差别），每个能级与电子特定运动轨道相对应，这种对应关系用量子数 n 表示。从图中可以看出对应于 n=1，能量 E_1 所处的位置最低，这种能态称为氢原子基态。由于能量最低，所以最稳定。其他各能级的能量值都大于 E_1，叫作激发态。当原子受到辐射或高能粒子的碰撞等外界因素作用时，就会吸收一定的能量而跃迁到某一能量较高的激发态。具有高能量的原子自发地通过一系列跃迁，到达能量较低的能态，伴随跃迁过程，放出某一频率的单色光，最后回到基态。处于基态和激发态的电子都还没有脱离原子核的束缚作用，都是束缚态的。

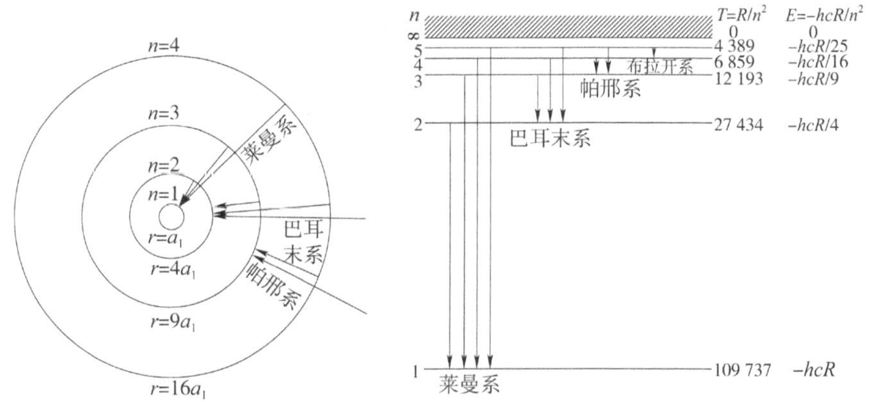

图 1-2　氢原子电子轨道（左）与氢原子能级（右）

1.1.2　原子核

1.1.2.1　原子核的结构

原子核是原子中的带正电荷的核心，其大小以10^{-15}m 的数量级，其体积仅为原子的万分之一，但质量占原子质量的 99.9%以上。原子核所带正电荷量等于原子核外电子所带的负电荷量，所以原子总是电中性的。如果每个原子有 Z 个电子，每个电子电荷 1 e=1.602 189 2×10^{-19} C（库仑），则核外电子的总电荷量为 Z e。

原子核是由中子和质子组成的，中子和质子统称为核子，原子中核子数一般等于质量数，质量数用符号 A 表示，所以，电荷数为 Z 的原子，其中含有 Z 个质子，A–Z 个中子。质子带一个单位正电荷，静止质量 m_p=1.672 648 5×10^{-27} kg（或 1.007 276 470 u），中子是不带电的中性粒子，静止质量 m_n=1.674 954 3×10^{-27} kg（或 1.008 664 904 u）。

1.1.2.2　原子核的能级

与此相似，原子核也有一系列不连续的能级存在，能量最低的状态称为基态，能量较高的状态称为激发态，这些状态的能量数值即为原子核的能级（图 1-3）。处于激发态的原子核是不稳定的。

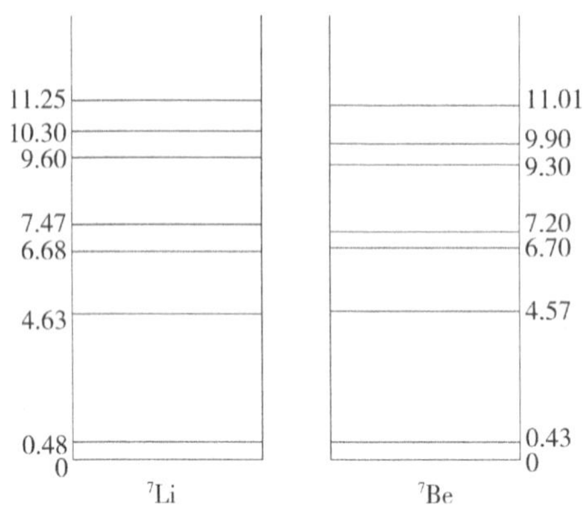

图 1–3　$^{7}_{3}$Li 和 $^{7}_{4}$Be 的核能级

1.1.2.3　核素、同位素

核素这一术语在辐射防护中经常用到，是指具有特定原子序数、质量数和核能态的一类原子或原子核，通常用符号 $^{Am}_{z}$X 表示，其中 X 是元素符号，*A* 是质量数，*Z* 是原子序数（核外电子数或核内质子数），m 是能量状态，缺省时表示处于基态。由于核素中 *Z* 和 X 是一一对应的，因此 $^{Am}_{z}$X 也可简写为 ^{Am}X。例如，$^{7}_{3}$Li（^{7}Li）是元素锂的一种核素，*A*=7，*Z*=3；$^{99m}_{43}$Tc（^{99m}Tc）是元素锝的一种核素，*A*=99，*Z*=43，原子核处于激发态。目前已经知道的核素有 2 800 多种，其中近 300 种是稳定的，其余则是不稳定的，绝大部分天然核素是稳定的。

根据质量数、原子序数及所处能态的不同，核素又可分为同位素、同核异能素、同量异位素等。

（1）同位素

具有相同原子序数，但质量数不同的核素，它们在元素周期表中处于同一位置，这类核素互称为同位素，通常在元素符号左上角标出质量数目，例如，^{1}H、^{2}H、^{3}H 是氢的三种同位素，而 ^{235}U、^{238}U 是铀的两种同位素。每一种元素可能包括几种或几十种同位素。

（2）同质异能素（同核异能素）

具有相同质量数和原子序数，但处于不同能态的核素，称为同质异能素或同核异能素，这样的核素通常在其元素符号质量数后标上 m 或 m^1、m^2 等。例如，$^{68m}_{29}Cu$ 是 $^{68}_{29}Cu$ 的同核异能素，$^{124m}_{51}Sb$ 是 $^{124}_{51}Sb$ 的同核异能素。

（3）同量异位素（同质异位素）

具有相同质量数，但是原子序数不同的核素称为同量异位素，例如，$^{40}_{18}Ar$、$^{40}_{19}K$ 和 $^{40}_{20}Ca$，$^{90}_{38}Sr$ 和 $^{90}_{39}Y$。

1.1.2.4　原子核的结合能

（1）原子核质量亏损

原子核既然由中子和质子组成，那么原子核的质量似乎应该等于核内中子和质子两者的质量之和。但是实际情况并非如此，大量实验结果表明，原子核的质量要小于组成它的各核子质量之和。例如，$^{4}_{2}He$ 核素是由两个质子和两个中子组成。

两个质子和两个中子质量之和为

$$2M(^1_1H) + 2m_n = 4.032\,980\ u \tag{1-1}$$

而 $^{4}_{2}He$ 原子质量为 $M(^4_2He) = 4.002\,603\ u$。

显然，$^{4}_{2}He$ 原子核的质量要小于组成它的质子和中子质量之和，两者之差为

$$\Delta M = 2m_p + 2m_n - M(^4_2He) = 0.030\,377\,u \tag{1-2}$$

可见核素的原子质量均比组成它的各核子质量总和小一些。

推而广之，定义原子核的质量亏损为组成原子核的 Z 个质子和 $A-Z$ 个中子的质量与该原子核的质量之差，记作

$$\Delta m(Z,A) = Z \cdot m_p + (A - Z)m_n - m(Z,A) \tag{1-3}$$

式中，m（Z，A）为原子序数为 Z、质量数为 A 的原子核的质量。在实际应用中，给出的往往是原子质量，所以需要把式（1-3）中的质子质量 m_p 和核质量 m（Z，A）用 ^1H 原子质量 M（^1H）和 ^A_ZX 原子质量 M（Z，A）来代替。而 Z 个 ^1H 原子中的电子质量正好被 ^A_ZX 原子中的 Z 个电子质量所抵消，这样，原子核的质量亏损也可以表示为

$$\Delta m(Z,A) = Z \cdot M({}^{1}H) + (A-Z)m_{\mathrm{n}} - M(Z,A) \tag{1-4}$$

式（1-3）和式（1-4）忽略了原子中核外电子结合能。

由原子质量亏损定义可知，所有原子核都存在质量亏损，即 $\Delta m(Z,A)>0$。

（2）原子核结合能

既然原子核的质量亏损 $\Delta m(Z,A)>0$，依据质能联系定律，相应能量减少可以表示为 $\Delta E = \Delta mc^2$，表明核子结成原子核时会释放出能量，这个能量称为原子核的结合能，由此，Z 个质子和 $A-Z$ 个中子结合成原子核时的结合能 $B(Z,A)$为

$$B(Z,A) = \Delta m(Z,A)c^2 \tag{1-5}$$

将式（1-4）代入式（1-5），得到

$$B(Z,A) = \left[Z \cdot M({}^{1}H) + (A-Z)m_{\mathrm{n}} - M(Z,A)\right]c^2 \tag{1-6}$$

由式（1-6）可以计算出两个质子和两个中子组成 ${}_{2}^{4}\mathrm{He}$ 原子核时，释放出的结合能大小为 28.296 MeV，可见，原子核的结合能量是很大的。

组成原子核的各个核子，当它们之间距离接近 10^{-15} m 时，都存在有一种强大的吸引力，这种力称为核力。核力远大于质子与质子间存在的库仑斥力，它能把 Z 个质子和 N 个中子紧紧地拉在一起构成原子核。反之，如果要把一个原子核内的各核子一一取出，就必须向原子核提供足够能量，以克服核子之间的吸引力，这一能量在数值上与核子的结合能相等。

（3）原子核的稳定性

原子核的稳定性取决于原子核本身的组成，与原子核的质量数、核内质子数和中子数的比例有着十分密切的关系，根据原子核的稳定性，可以把核素分为稳定核素和不稳定核素（放射性核素）。研究这些稳定的原子核可以发现一些经验规律。

①原子核内质子数与中子数的比例

原子核内质子数与中子数的比例如图 1-4 所示，横坐标为质子数，纵坐标为中子数，由图 1-4 中标出的稳定原子核的位置，可以得到如下结论。

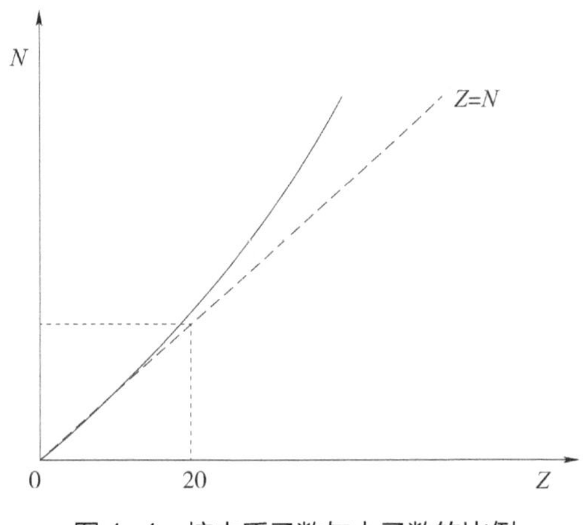

图 1–4　核内质子数与中子数的比例

稳定线，即 $Z=N$ 这一条直线，这条直线称作稳定线，一切稳定的元素都落在这条直线上或它的近旁。

在 $Z=20$ 以前，多数元素都在稳定线上，即在 $Z=20$ 以前，大多元素的核内质子数与中子数相等；当 $Z>20$ 时，随原子序数 Z 的增加，N 与 Z 之比逐渐升高，在重核范围内，N 与 Z 之比值为 1.5 左右；在 A 从 1 至 209 的范围内，除 A 为 5 和 8 之外，对应每个 A 的值至少有一个稳定核。

轻核稳定核素一般较少。在元素周期表中部，稳定核素居多，重元素中的稳定核素也较少，当 Z 为 43、61 时或对于 $Z>83$ 的元素，核素都不稳定。

②原子核的稳定性与核内质子数和中子数偶奇性的关系

在自然界中，已发现的稳定核素其核内质子数与中子数的奇偶性可分为如下几种情况：偶偶（e–e）核，即核内的质子数和中子数都为偶数的原子核，这种原子核共有 163 种；偶奇（e–o）核，即核内的质子数为偶数，中子数为奇数的原子核，这种原子核有 57 种；奇偶（o–e）核，即核内的质子数为奇数，中子数为偶数的原子核，这种原子核有 50 种；奇奇（o–o）核，即核内的质子数与中子数均为奇数的原子核，这种原子核只有 5 种。

根据核内质子数和中子数的奇偶性可以看出：偶偶核最稳定，稳定核素最多；其次是偶奇核和奇偶核；而奇奇核最不稳定，稳定核素最少，仅有 $^{2}_{1}$H、$^{6}_{3}$Li、$^{10}_{5}$B、$^{14}_{7}$N 和丰度较小的 $^{180}_{73}$Ta，共 5 种。

1.2 放射性衰变

1.2.1 放射性现象

1896 年，法国物理学家贝可勒尔发现，某些物质能放射一种人眼看不见的射线，1899 年后，吉赛尔、维拉德、卢瑟福和斯特等相继对射线的性质进行了研究，根据射线在磁场中表现出的不同的偏转行为，发现放出的射线有三种类型，如图 1-5 所示（磁场系自纸向外），分别称为 α 射线、β 射线、γ 射线，其中 β 射线是高速运动的电子流；α 射线是具有很高速度的氦原子核（$^{4}_{2}$He）流，即 α 粒子流；γ 射线是波长比 X 射线还短的电磁波，即光子流。

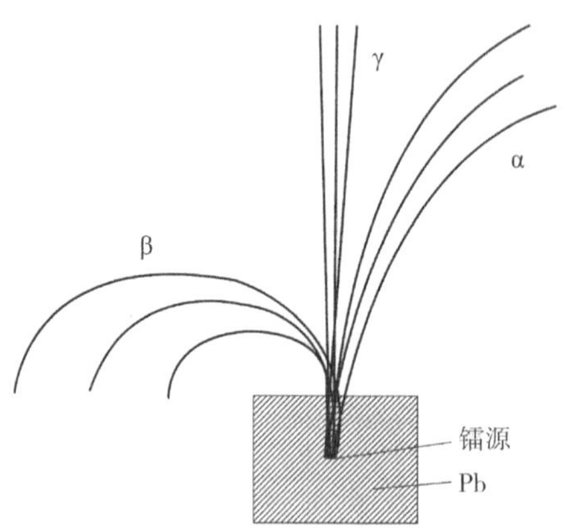

图 1-5 镭源放射的三种射线

某些核素自发地放射某种粒子［或轨道电子俘获（EC）后放出 X 射线］，或自发进行裂变的现象，称作核素的放射性。把具有放射性的核素，称作放射性核素。自然界存在的核素放射性称为天然放射性，核素被辐照后产生的放射性称为感生放射性。天然放射性多存在于由重元素组成的 3 个放射系（铀系、钍系和锕系）中（详见附录 B）。实验证明，对放射性核素加温、加压或加磁场，都不能改变其放射性，因为放射性现象是由原子核变化引起的，与核外电子状态的改变无关。

1.2.2　放射性衰变类型

1.2.2.1　α 衰变

原子核自发放射 α 粒子的过程，称作原子核的 α 衰变。发生一次 α 衰变后的原子核，原子序数（核电荷数）减少 2，质量数减少 4，即 α 衰变可用下式表示：

$$ {}_{Z}^{A}\mathrm{X} \rightarrow {}_{Z-2}^{A-4}\mathrm{Y} + {}_{2}^{4}\mathrm{He}(\alpha) \tag{1-7}$$

式中，X 为母核；Y 为子核。例如，${}_{88}^{226}\mathrm{Ra}$、${}_{84}^{210}\mathrm{Po}$ 的 α 衰变可分别写为

$$ {}_{88}^{226}\mathrm{Ra} \rightarrow {}_{86}^{222}\mathrm{Rn} + {}_{2}^{4}\mathrm{He} \tag{1-8}$$

$$ {}_{84}^{210}\mathrm{P_O} \rightarrow {}_{82}^{206}\mathrm{Pb} + {}_{2}^{4}\mathrm{He} \tag{1-9}$$

从原子核放出来的 α 粒子是单能的。如果母核或子核处于激发状态，则可能放出几种能量的 α 粒子，并且会伴随 γ 射线的放出，放出的 α 粒子能量一般为 4.0～9.0 MeV，天然放射性核素的 α 衰变主要发生在原子序数大于 82 的重核中。

1.2.2.2　β 衰变

原子核自发地放出电子或正电子，或俘获一个轨道电子的过程，统称为 β 衰变，它们又可分别称为 β^-衰变、β^+衰变和轨道电子俘获（EC），三种类型可分别用下式表示：

$$ \beta^-\text{衰变：}\ {}_{Z}^{A}\mathrm{X} \rightarrow {}_{Z+1}^{A}\mathrm{Y} + \beta^- + \upsilon^- \tag{1-10}$$

$$ \beta^+\text{衰变：}\ {}_{Z}^{A}\mathrm{X} \rightarrow {}_{Z-1}^{A}\mathrm{Y} + \beta^+ + \upsilon \tag{1-11}$$

$$ \mathrm{EC}\ \text{：}\ {}_{Z}^{A}\mathrm{X} + e^- \rightarrow {}_{Z-1}^{A}\mathrm{Y} + \upsilon \tag{1-12}$$

式（1-10）～式（1-12）中，X 表示母核；Y 表示子核；β^-和 β^+分别表示电子和正电子；υ^-和 υ 分别表示反中微子和中微子（它们都不带电，与物质相互作用极微弱，贯穿能力极强）。三种 β 衰变类型举例如下：

$$^{214}_{82}\mathrm{Pb} \to {}^{214}_{83}\mathrm{Bi} + \beta^- + \upsilon^- \quad (\beta^-\text{衰变}) \tag{1-13}$$

$$^{13}_{7}\mathrm{N} \to {}^{13}_{6}\mathrm{C} + \beta^+ + \upsilon \quad (\beta^+\text{衰变}) \tag{1-14}$$

$$^{55}_{26}\mathrm{Fe} + \mathrm{e}^- \to {}^{55}_{25}\mathrm{Mn} + \upsilon \quad (\text{电子俘获}) \tag{1-15}$$

β 衰变发生时，衰变放出的能量要在 3 个粒子之间分配，由于子核质量往往比电子（或正电子）、反中微子（或中微子）的质量大很多，根据能量守恒和动量原理，衰变能主要被电子（或正电子）、反中微子（或中微子）带走，故 β^-和 β^+粒子的动能可以从 0→$E_{\beta\max}$（最大），形成各自连续的 β 射线能谱，图 1-6 绘出了 RaE（$^{210}_{83}\mathrm{Bi}$）核素发射的 β 射线能谱曲线，所以，$E_{\beta\max}$是各种 β 放射性核素的特征参数，β 粒子的平均能量 $\overline{E}_\beta$ 为 0.25 $E_{\beta\max}$～0.45 $E_{\beta\max}$。

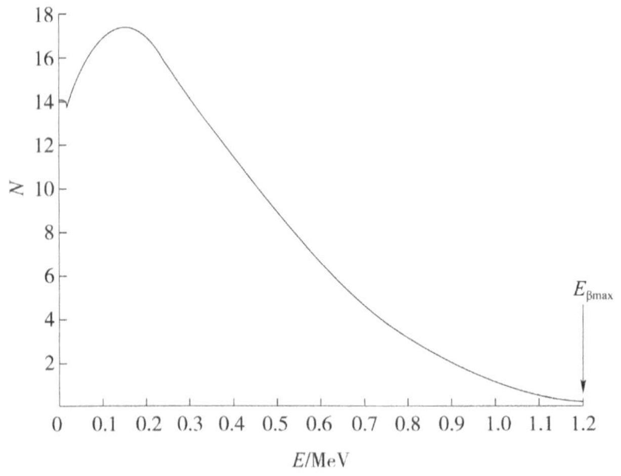

N—在 E～E+ΔE 能量间隔的粒子数；E—β 粒子能量。

图 1-6 $^{210}_{83}\mathrm{Bi}$ 核发射 β 射线能谱曲线

对于中子数与质子数的比值比其稳定核素大的不稳定核素，一般为 β^-衰变；中子数与质子数的比值比其稳定核素小的不稳定核素，多数放出 β^+

粒子或发生轨道电子俘获。大多数核素在发生 β^-衰变时，都伴随发射 γ 射线，如 ^{60}Co、^{65}Zn、^{131}I、^{137}Cs 等，仅少数核素是发射纯 β^-的核素，如 ^{3}H、^{14}C、^{32}P、^{147}Pm 等。

1.2.2.3　γ 跃迁

处于激发态的原子核通过放出 γ 射线向基态跃迁的过程，称为 γ 跃迁，γ 跃迁只改变原子核内部能量状态，不会导致核素发生变化，因此发生 γ 跃迁的子核和母核，它们的原子序数（电荷数）和质量数均相同，只是内部能量状态不同。例如，^{137}Cs 经 β^-衰变后到 ^{137m}Ba，经 2.552 min 的半衰期向 ^{137}Ba 跃迁，发射 γ 射线的能量是 661.6 keV，这就是所谓的同质异能跃进。

在 γ 跃迁发生的过程中，有时处于激发状态的原子核会把激发能直接给予核外电子，使电子从壳层发射出来，原子核由激发态回到基态，这种现象被称作内转换。例如，^{137m}Ba 会通过放出一个 661.6 keV 的 γ 光子或放出内转换电子，而回到 ^{137}Ba 的基态。

1.2.3　放射性衰变规律

放射性核素原子核的衰变并非同时发生，而是有先有后的，是一个统计过程，实验表明，任何放射性物质在单独存在时，原子核衰变都服从指数衰变规律，即

$$N = N_0 e^{-\lambda t} \tag{1-16}$$

式中，N 为经过 t 时间后的放射性原子核数目；N_0 为 t=0 时刻的放射性原子核数目；λ 为衰变常数（与放射性核素半衰期 $T_{1/2}$ 之间关系为 $\lambda \cdot T_{1/2}=\ln 2$）。

1.2.3.1　衰变常数 λ

衰变常数 λ 是描述放射性核素特性的一个物理量，它是指某种放射性核素在单位时间内发生自发衰变的概率，衰变常数的大小决定了放射性核

素衰变的快慢。衰变常数可由式（1-16）微分给出：

$$\lambda = -\frac{1}{N}\frac{dN}{dt} \tag{1-17}$$

式中，N 为在 t 时刻存在的核素的数目；$-dN$ 为原子核在 t 到 $t+dt$ 的时间间隔内的衰变数，而 $-dN/N$ 则表示每个原子核的衰变概率。衰变常数 λ 是一个常数，每个放射性原子核不论何时衰变，其衰变概率是相等的，并且是独立的。

1.2.3.2 半衰期 $T_{1/2}$

为描述放射性衰变的快慢，除用衰变常数 λ 以外，通常还用放射性核素半衰期 $T_{1/2}$，表示在单一的放射性衰变过程中，放射性原子核的数目衰减到原来数目的一半（或其放射性活度降至其原有一半）所需的时间，它与衰变常数 λ 的关系可以从它的定义和放射性衰变指数衰减规律中得到，由式（1-16）可知，当 $t = T_{1/2}$ 时，放射性原子核数目为

$$N = N_0 / 2 = N_0 e^{-\lambda T} \tag{1-18}$$

从而

$$T_{1/2} = \frac{\ln 2}{\lambda} = \frac{0.693}{\lambda} \tag{1-19}$$

各种放射性核素的半衰期差别很大，例如，^{232}Th、^{226}Ra、^{214}Pb、^{212}Po 的半衰期分别为 1.41×10^{10} a、1 600 a、26.8 min 和 3.0×10^{-7}s。此外，还可以用放射性核素平均寿命 τ 描述放射性衰变的快慢，放射性核素平均寿命等于衰变常数的倒数（即 $\tau = 1/\lambda$）。

1.2.3.3 衰变链

如果核素衰变的产物也是具有放射性的，就可形成 A→B→C→…的衰变系列。例如，^{232}Th 经过 α 衰变后生成的子体 ^{228}Ra 并不稳定，还要接连发生 2 次 β^-衰变至 ^{228}Th，而 ^{228}Th 还不稳，再通过若干次 α 衰变和 β^-衰变，直到衰变为稳定核素 ^{208}Pb 为止。这种一代接一代连续进行的衰变叫作递次

衰变或连续衰变，也称衰变链。

对于任何衰变链，不管各放射性核素的衰变常数之间的相互关系如何，其中半衰期最长的核素对放射性活度影响最大，当时间足够长时，总的衰变链只剩下这种半衰期最长的核素及其后面的核素，它们将按半衰期最长核素的衰变规律衰减。如果前驱核素的半衰期很长，以至于在考察期内总体上的变化可以被忽略，那么所有核素的放射性活度将几乎相等，这被称作长期平衡，如

$$^{90}\mathrm{Sr}\xrightarrow[28.6\mathrm{a}]{\beta}{}^{90}\mathrm{Y}\xrightarrow[64.1\mathrm{h}]{\beta}{}^{90}\mathrm{Z} \qquad (1\text{-}20)$$

是常用的纯 β^-放射性核素。

1.2.4　放射性活度及单位

1.2.4.1　放射性活度

某一时刻，在很短的时间间隔内，一定量的放射性核素发生的衰变数除以该时间间隔而得到的商，称作放射性活度，用符号记作 A，即

$$A=-\frac{\mathrm{d}N}{\mathrm{d}t} \qquad (1\text{-}21)$$

放射性活度的国际单位（SI）是贝可勒尔，简称贝可，记作 Bq，1 Bq=1 s^{-1}，即每秒发生的核衰变数为 1，此外还可用千贝可（kBq）、兆贝可（MBq）等单位。过去还曾使用居里（Ci）作为放射性活度单位。

1 Ci=3.7×10^{10} 衰变数/s（dps）=3.7×10^{10} Bq

1 Ci=10^3 mCi=10^6 μCi

在实际应用时往往要知道的是在单位时间内有多少核发生衰变，也就是放射性核素衰变率（放射性活度），可以得到式（1-22）：

$$-\frac{\mathrm{d}N}{\mathrm{d}t}=\lambda N_0\mathrm{e}^{-\lambda t}=\lambda N \qquad (1\text{-}22)$$

即处于某个特定能态的一定放射性活度等于该能态的衰变常数 λ 与处于该

能态的核素数量 N 之乘积。根据放射性活度定义，式（1-22）可以写作

$$A = A_0 e^{-\lambda t} \tag{1-23}$$

式中，$A_0=\lambda N_0$，即 $t=0$ 时刻放射源的活度。可见，放射性活度也以同样的指数规律衰减。式（1-23）在实际工作中，经常用于放射性活度值的衰变修正。

［例 1-1］经过多少个半衰期以后，某放射性核素的活度会减少到原来的 1%？

解：设经过 n 个半衰期，其放射性活度减少至原来的 1%。由式（1-21）和式（1-23）可知：

$$\frac{A}{A_0} = e^{-\lambda t} = e^{-(0.693/T)t} \tag{1-24}$$

令 $t=n \cdot T_{1/2}$

$$0.01 = e^{-(0.693/T)nT}$$

$$n = \frac{\ln 100}{0.693} \approx 6.6$$

式（1-18）和式（1-23）在形式上很相似，物理意义却是不同的。前者表示经过 t 时间还有多少个原子核没有衰变。后者表示经过 t 时间核素的放射性活度是多大。但是，两者是有联系的，可以通过式（1-22）进行换算。

应该指出，放射性活度反映了单位时间内一定量核素发生自发衰变的次数，而不是放射性核素单位时间内发出的粒子或射线数量，后者称为发射率或射线强度。例如，${}^{60}_{56}Co$ 放射性活度 $A=10^3$ Bq，则其 β 粒子发射率为 10^3 个/s，γ 射线发射率为 2×10^3 个/s。因为 ${}^{60}_{56}Co$ 放射性核素在一次衰变过程中放出 1 个 β 粒子、2 个 γ 光子。

1.2.4.2 质量活度与体积活度

在放射性测量事件中，也常用到质量活度、体积活度。质量活度表征单位质量的放射性物质的活度，其单位是贝可/千克（Bq/kg）、贝可/克（Bq/g）；体积活度表征单位体积放射性物质的活度，其单位是贝可/升（Bq/L）、贝可/米 ^{3}（Bq/m^3）。质量活度、体积活度用于评价放射性物质中含放射性核素量的多少。

1.3　核裂变与核聚变

1.3.1　核裂变

1.3.1.1　核裂变反应

某些重元素的原子核（如 ^{235}U、^{239}Pu 等），在中子的轰击下能分裂为 2 个质量相差不大的中等质量的原子核，同时放出 2～3 个中子，并放出巨大能量，这种核反应过程称为裂变反应。例如：

$$^{235}_{92}\mathrm{U}+n\rightarrow {}^{100}_{40}\mathrm{Zr}+{}^{133}_{52}\mathrm{Te}+3n+Q \tag{1-25}$$

$$^{235}_{92}\mathrm{U}+n\rightarrow {}^{139}_{54}\mathrm{Xe}+{}^{95}_{38}\mathrm{Sr}+2n+Q \tag{1-26}$$

中子轰击 ^{235}U 核时，类似上述这样的反应可以有几十种，通常对于重核裂变反应可用下面的通式表示：

$$^{235}_{92}\mathrm{U}+n\rightarrow \mathrm{X}+\mathrm{Y}+\bar{\upsilon}n+Q \tag{1-27}$$

式中，X、Y 为裂变碎片，表示重核裂变后生成的中等质量的原子核；$\bar{\upsilon}$ 为重核裂变每次放出的中子数的平均数（^{235}U：$\bar{\upsilon}$=2.6；^{239}Pu：$\bar{\upsilon}$=3）；Q 为每个重核裂变时所放出的能量。

1.3.1.2　裂变产物及其特征

以 ^{235}U 的裂变反应为例，每个裂变反应道都会产生两种新的原子核（裂变碎片），这样，^{235}U 裂变生成的裂变碎片可以有七八十种，这些核裂变碎片大部分具有放射性，一般需要经过 3 次 β 衰变或 γ 跃迁才能达到稳定状态，因此，裂变反应产生的核素有 200 多种，所有这些核素统称为裂变产物，图 1-7 给出了 ^{235}U 在热中子作用下产生的裂变产物产额与质量关系曲线。

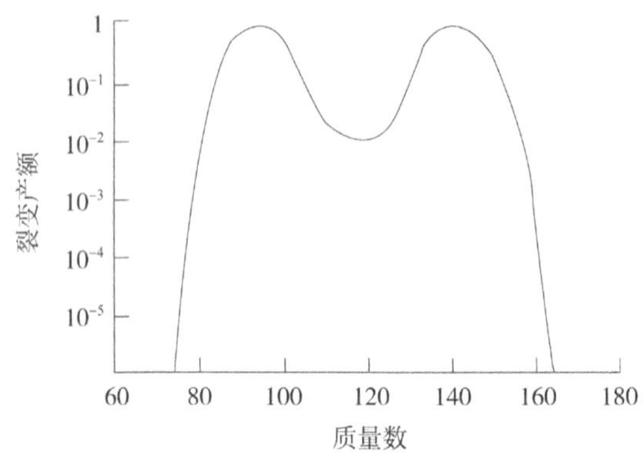

图 1-7 ^{235}U 裂变产额与质量关系曲线

由图 1-6 可知，裂变产物可以是原子序数为 30～60 的所有元素的同位素。在质量数 A 为 72、162 两处，裂变产物的产额接近于 0，即裂变不会产生质量数 A＞162 或质量数 A＜72 的裂变产物。同时还可以看出，产生质量数相等的裂变产物的概率也很小。曲线在质量数 A 为 95、139 处有最大值，即产生质量数为 95 和 139 的裂变产物的概率最大，约为 7%。

1946 年，中国物理学家钱三强、何泽慧夫妇发现了铀核在中子作用下，还可能分裂为三块的现象，后来有几次还发现裂变成四块的现象，发生这种多裂变碎片现象的概率是很小的。

除 ^{235}U 外，其他许多重原子核，如 ^{233}U、^{238}U、^{239}Pu 等在中子轰击下也可以发生裂变反应。

1.3.1.3 裂变能

^{235}U 原子核在中子轰击下，可能发生如下反应：

$$ {}^{235}_{92}\mathrm{U}+n \rightarrow {}^{100}_{40}\mathrm{Zr}+{}^{133}_{52}\mathrm{Te}+3n+Q \tag{1-28} $$

如果分别用 M_{U}、m_{n}、M_{Zr}、M_{Te} 表示 ^{235}U、n、^{100}Zr 和 ^{133}Te 的质量，则由裂变前后的质量亏损 Δm，可以计算得到重核裂变释放的能量 Q。

反应前参与反应的各粒子的质量：

$$ m_{前}=M_{\mathrm{U}}+m_{\mathrm{n}}=235.043\,94+1.008\,665=236.052\,605\text{（u）} $$

反应后各生成粒子的质量：

$m_{后}=M_{Zr}+M_{Te}+3m_n=99.909\ 25+132.907\ 63+3\times1.008\ 665=235.842\ 875$（u）

反应前后的质量亏损：

$$\Delta m=m_{前}-m_{后}=236.052\ 6-235.842\ 9=0.209\ 7\text{（u）}$$

裂变释放的能量：

$$Q=\Delta mc^2=0.209\ 73\times931.5\approx195.4\text{（MeV）}$$

这些能量的大概分配如下：

裂变碎片动能：～160 MeV；

中子动能：～5 MeV；

裂变时放出 γ 的能量：～5 MeV；

中微子的能量：～11 MeV；

碎片衰变时放出的能量：～15 MeV，这些能量的绝大部分转化为热能。

1.3.2　核聚变

1.3.2.1　聚变反应

两个质量较小的原子核，在某种条件下聚合成质量较大的原子核过程，称为轻核聚变反应，同等质量的轻核聚变放出的能量要远大于重核裂变放出的能量，以 D、T 聚变为例，其反应方程式如下：

$$D+T\rightarrow {}_2^4He+n+Q \qquad (1-29)$$

容易计算得出，这个反应放出的能量 Q 为 17.6 MeV，即每千克氘、氚混合物完全聚变放出的能量可达 2.12×10^{27} MeV，它是同等质量 ^{235}U 完全裂变放出能量的 4 倍。

现在人们发现在宇宙中能量的主要来源是原子核的聚变反应，宇宙中的大量恒星能长时间发热、发光，都是轻核聚变反应的结果。

随着人类社会的发展，人们对能源的需求量已越来越大。有人对现有能源和所需能源进行了估算，目前每年能源的消耗量接近 1×10^{21} J，而现在能源的存储量如下：煤为 3.2×10^{22} J，石油为 8×10^{21} J，裂变能为 5.75×10^{23} J，可以看出，当前能源的存储量非常有限，因此，随着能源消耗量的增加，寻找新能源已引起人们的极大关切。1 L 海水所含的氘聚变能相当于 400 L 石油燃烧产生的能量，这样，若从海水中提取氘作为能源，放出的总能量可达 5×10^{31} J，由此可见，聚变反应产生的能量是人类用之不尽的。

1.3.2.2 实现聚变反应的途径

在地球上人工可利用的聚变反应，即所需要温度不太高而反应截面又比较大的反应，这类反应主要有以下两种：

$$\mathrm{T}+\mathrm{d}\rightarrow {}_{2}^{4}\mathrm{He}+n+17.6\ \mathrm{MeV} \tag{1-30}$$

$$\mathrm{D}+\mathrm{d}\rightarrow\begin{cases}{}_{2}^{3}\mathrm{He}+n+3.3\ \mathrm{MeV}\\ \mathrm{T}+\mathrm{P}+4.1\ \mathrm{MeV}\end{cases} \tag{1-31}$$

当今可以实现的轻核聚变反应途径主要有以下两种。

1. 利用高压倍加器（加速器）

利用加速器加速带电粒子去轰击靶核，使两者克服静电排斥力，达到核力的作用范围，从而发生核聚变，这种方式进行的核聚变反应，一般只限于实验室内进行，供科学研究使用，对于能源的开发和利用没有意义。

2. 利用热核反应

利用热核反应，即使参与反应的氢原子核处于极高的温度。由于温度很高，原子核的热运动速度就很快，彼此间会发生猛烈碰撞，从而克服静电排斥力，达到核力的作用范围，进而发生核聚变反应，这种条件下进行的聚变反应，也叫热核反应。

在可以使轻核发生聚变反应的温度下，物质已不是一般的固体或液体，而是等离子体，等离子体是大量正离子和电子的集合体，是物质的一种新状态，称物质的第四状态。将上亿度的等离子体约束在一定的区域内，维持一定的时间后，其中的氢原子核发生聚变反应，这是目前获得聚变能的唯一可能的手段。

氢弹基于一种人工实现的不可控制的热核反应，这是人类利用热核反应唯一成功的一个事例，并且可以作为武器在战争中使用。另外，为和平利用热核反应能，需要人工能够控制热核反应，受控热核反应的核心问题就是把高温等离子体约束在一定范围，并维持足够长的时间。世界各国都在下大力气从事这方面的研究，也取得过较大的进展，但距聚变能的和平利用仍然还有一段较大的差距。

1.4　射线与物质的相互作用

1.4.1　α 射线与物质的相互作用

1.4.1.1　电离与激发

α 粒子是带电粒子，当它通过物质时，与分子或原子轨道电子发生库仑作用，把能量传递给轨道电子。如果轨道电子获得的能量足够大，就能脱离原子而成为自由电子，则分子或原子被电离。如果轨道电子获得的能量仅能使它从低能级跃迁到较高能级，则分子或原子被激发。在电离、激发过程中，带电粒子会损失一部分能量。形成一个离子对所需的能量，称作平均电离功（W），其大小与指定种类的带电粒子能量大小无关，而是随物质的不同而不同。α 粒子在空气中的平均电离功为 35 eV。

通常用单位路径上所产生的离子对总数——比电离来表示带电粒子电离本领的大小。α 粒子在空气中的比电离值为（1～7）$\times 10^4$ 离子对/cm。单位路径上的电离损失（称作阻止本领）与带电粒子的电荷量、运动速度和物质中的电子密度有关，根据量子力学的处理方法得出的结论定性解释如下：

（1）电离损失与重带电粒子的电荷量的平方（Z^2）成正比。带电粒子电荷量 Z 越大，与轨道电子的库仑作用越强，传递给电子的能量越多。

（2）电离损失与带电粒子运动速度成反比。带电粒子传递给轨道电子的能量与相互作用时间有关，速度越小，作用时间越长，传递给电子的能量越大。

（3）电离损失与物质中的电子密度成正比。原子序数高，电子密度大的物质很容易把带电粒子阻挡住。

1.4.1.2 α 粒子的射程

带电粒子从进入物质到完全被吸收沿原入射方向穿过的最大距离，称作该粒子在物质中的射程，常用符号 R 表示。

α 粒子在空气中的路径呈直线状，因为其质量比较大，每次与气体分子或原子的电子碰撞时，只损失很小一部分能量，仅在路径的末端稍偏离原来的运动方向，稍微发生散射，因此 α 粒子的射程与路径是一致的，呈直线状。应该注意，射程与路径概念不同，路径是指粒子所经过的实际路径的长度，它可以是曲折的。α 粒子与物质相互作用时，由于其质量比较大，所以以弹性散射为主。实验和理论计算表明，α 粒子垂直入射到散射体上，大部分粒子是小角度散射，而大角度散射的概率较小。

能量为 3～7 MeV 时，α 粒子在标准状况下空气中的射程 R_0 可表示为

$$R_0 = 0.138 E_\alpha^{1.5} \tag{1-32}$$

式中，E_α 为 α 粒子能量（MeV），R_0 为射程（cm），计算误差≤10%。α 粒子在其他物质中射程 R 可用在空气中的射程 R_0 进行换算，其公式如下：

$$R = 3.2\times10^{-4} R_0 \sqrt{\frac{A}{\rho}} \tag{1-33}$$

式中，A 和 ρ 分别表示吸收 α 粒子的物质的质量数和密度（g/cm^3），R 以 cm 为单位。

射程还可以用质量厚度表示，它是指介质层线性厚度与其密度的乘积，若 α 粒子的射程的线性厚度为 R，则其质量厚度 $R_m=\rho\cdot R$，单位为 g/cm^2 或 mg/cm^2。例如，${}^{238}_{92}U$ 放出 4.2 MeV 的 α 粒子，它在人体组织中的射程为 34 μm。

如果人体组织密度 $\rho\approx1\ g/cm^3$，$^{238}_{92}U$ 的 α 粒子在人体组织中射程的质量厚度 R_m=3.4 mg/cm²。人体皮肤的表皮质量厚度约 7 mg/cm²，这样的 α 粒子不能穿透人体的表皮，人员不必考虑 α 射线的外照射。

1.4.2　β 射线与物质的相互作用

1.4.2.1　相互作用过程

1. 散射

带电粒子除与物质分子或原子相互作用，还会受到原子核及核外电子的库仑场和核力场作用而改变方向，这种现象称为散射，散射分为弹性散射和非弹性散射，弹性散射的特征是作用前后总动量和总动能分别相等，非弹性散射的特征是作用前后体系的总动能发生了变化，不再守恒（图 1-8）。

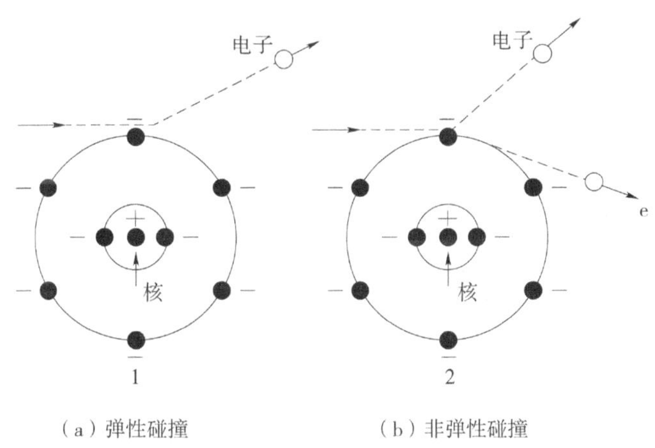

图 1-8　β 粒子与原子弹性碰撞和非弹性碰撞示意

由于 β 粒子质量和电荷量比 α 粒子小很多，当它穿过物质时，主要是受原子核的库仑力作用而发生弹性碰撞，发生弹性碰撞时电子的能量变化很小，但电子的方向变化很大，这种现象称作弹性散射。

电子在物质中的行程越长，散射次数越多，电子偏转入射方向的角度——

散射角就越大，最后的散射角度可能大于 90°，甚至可能达到 180°被反散射回去，这种大于 90°的散射称为反散射。理论和实验可以证明：电子经历 20 次或更多次的散射后，多次散射的均方散射角值 $E(\theta^2) \propto Z^2/v^2$，可见低能电子、高 Z 吸收物质、多次散射的作用是很大的。

因此，在 β 放射源的活度测量中，放射源和衬托物、支架要采用低原子序数的物质，以减少散射。另外在核技术领域内，利用反散射计数变化，可以制成反散射测厚仪测量各种材料制品。

2. 韧致辐射

当能量较高的电子经过物质原子核附近时，速度的大小和运动方向都发生变化，还会伴随发射电磁辐射，这种电磁辐射称作韧致辐射。通常所说的 X 射线就是高速电子流打在金属钨制成的靶上产生的韧致辐射，所发射出的 X 射线的能量可以从 0 到最大值，即韧致辐射谱是连续的。

由于存在韧致辐射，β 粒子在单位路程上的能量损失称作辐射损失，根据量子力学处理方法可以得出如下三点定性结论：

（1）辐射损失与入射带电粒子质量平方成反比

由此可见，由于电子质量很小，其损失要比α粒子、质子和其他重带电粒子大得多。对于重带电粒子，韧致辐射引起的能量损失一般可以忽视不计。

（2）辐射损失与介质原子序数 Z 的平方成正比

由此可见，高速电子打在重元素上容易产生韧致辐射，所以，常用低原子序数介质屏蔽 β 射线。

（3）辐射损失与入射带电粒子能量 E 成正比

高能电子的辐射损失要比低能电子大得多。

表 1-1 给出了 β 射线在几种吸收材料中产生的韧致辐射能量百分数，韧致辐射倾向于 β 射线入射方向。

表 1-1　β 射线在几种吸收材料中产生的韧致辐射能量百分数

E_0/MeV	Be（Z=4）	C（Z=6）	Al（Z=13）	Cu（Z=29）
3.5	0.47	0.70	1.6	3.3
3.0	0.40	0.60	1.3	2.8
2.5	0.33	0.50	1.1	2.4
2.0	0.27	0.40	0.85	1.9
1.5	0.20	0.30	0.64	1.4
1.0	0.13	0.20	0.43	0.95
0.5	0.06	0.10	0.21	0.48

在对 β 射线进行防护或测量时，韧致辐射都是必须要考虑的问题。在对 β 射线进行屏蔽时，应该考虑可能产生的穿透能力很强的韧致辐射；在 β 射线测量和 γ 谱分析中，还必须考虑韧致辐射对本底和 γ 谱可能存在的影响。

1.4.2.2　β 射线的最大射程

1. β 射线的射程

β 粒子与介质作用会发生多次散射，且 β 射线能量是连续，因此，β 射线在介质中没有确定的射程，如图 1-9 所示。

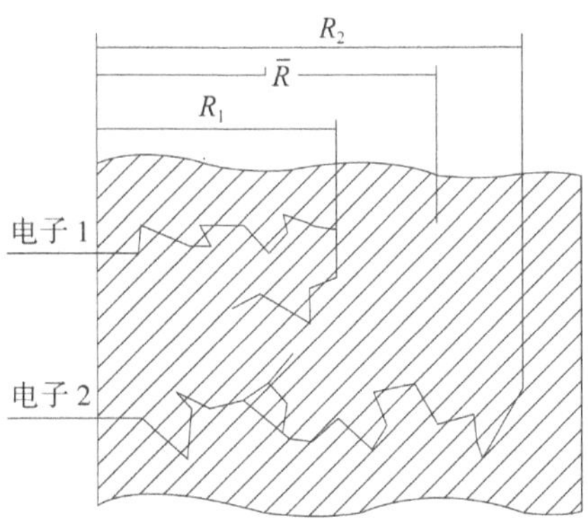

图 1-9　β 射线在物质中的路径和射程

辐射防护中有意义的是具有最大能量的 β 粒子的最大射程值，即通常所说的 β 射线射程。关于电子和 β 射线射程的计算，有许多经验公式。β 粒子在铝介质中最大射程 R_{max} 与最大能量 $E_{\beta max}$ 有如下经验公式：

$$R_{max}=0.407E_{\beta_{max}}^{1.38}\left(0.15<E<0.8\right) \quad (1\text{-}34)$$

$$R_{max}=0.542E_{\beta max}-0.133\left(E>0.8\right) \quad (1\text{-}35)$$

式中，R_{max} 为 β 粒子的最大射程，以质量厚度 g/cm^2 为单位；$E_{\beta max}$ 为 β 粒子最大能量，以 MeV 为单位。

对上述公式做了以下修正，得到更宽能量范围的计算公式：

$$R_{max}=0.412E_{\beta_{max}}^{1.265-0.09\,541nE}(0.01<E_{\beta max}<2.5) \quad (1\text{-}36)$$

$$R_{max}=0.530E_{\beta max}-0.106 \qquad (E_{\beta max}>2.5) \quad (1\text{-}37)$$

式（1-37）中各物理量及其单位同式（1-34）、式（1-35）。

若求在其他介质中的射程，可以根据射程比例定律求得：

$$R_a=\frac{(Z/M_A)_b}{(Z/M_A)_a}\left(\frac{\rho_b}{\rho_a}\right)-R_b \quad (1\text{-}38)$$

式中，$(Z/M_A)_a$、$(Z/M_A)_b$ 为材料 a、b 的原子序数与其原子量之比；ρ_a、ρ_b 为材料 a、b 的密度（g/cm^3）；R_a、R_b 为 β 射线在材料 a、b 中的射程（cm）。

［例 1-2］某实验室有活度为 3.7×10^{10} Bq 的 β 源，$E_{\beta max}$=1.709 MeV。当选用有机玻璃屏蔽时，其厚度取多少？

解：我们先计算 $E_{\beta max}$ 在铝中的最大射程，由式（1-35）可得

$$R_{Al}=0.542\times1.709-0.133\approx0.793\ (g/cm^2)$$

由有关数据表中查知有机玻璃 ρ_a=1.18g/cm³，Z_a=6.30，$(M_A)_a$=9.0；

铝 ρ_b=2.7 g/cm³，Z_b=13.0，$(M_A)_b$=26.98，代入式（1-38）得

$$R_a=\frac{(13/26.98)_b}{(6.30/9)_a}\times\left(\frac{2.7}{1.18}\right)-0.793=1.23(g/cm^2)$$

若所需有机玻璃的厚度等于最大射程，则厚度为 1.23/1.18=1.04（cm）。

2. β 射线的吸收

无论是单能电子束，还是能量连续分布的 β 射线，当它们穿过一定厚度的物质时，电子的数量随着穿过距离的增加而逐渐减少，这种现象称为吸

收。在 0.6 MeV＜$E_{\beta max}$＜6 MeV 时，β 射线穿过吸收片的吸收曲线（图 1-10）可近似用指数函数来表示，即

$$I = I_0 e^{-\mu_m \cdot x} \tag{1-39}$$

式中，I_0 为吸收片前的 β 射线强度（或注量率），I 表示穿过厚度为 x cm、密度为 ρ 的吸收片的 β 射线强度；μ_m 为吸收物质对 β 粒子的质能吸收系数（cm^2/g），表示 β 粒子穿过单位厚度物质时，其强度减少的百分比，对于大于 0.5 MeV 的 β 粒子，μ_m 值可用下式表示：

$$\mu_m = 22E_{\beta max}^{-4/3} \tag{1-40}$$

式中，$E_{\beta max}$ 是 β 射线最大能量，单位是 MeV；μ_m 的单位是 cm^2/g。

如果物质的厚度小于 β 射线的最大射程，可以根据 β 射线穿过物质后的强度来推断物质的厚度。

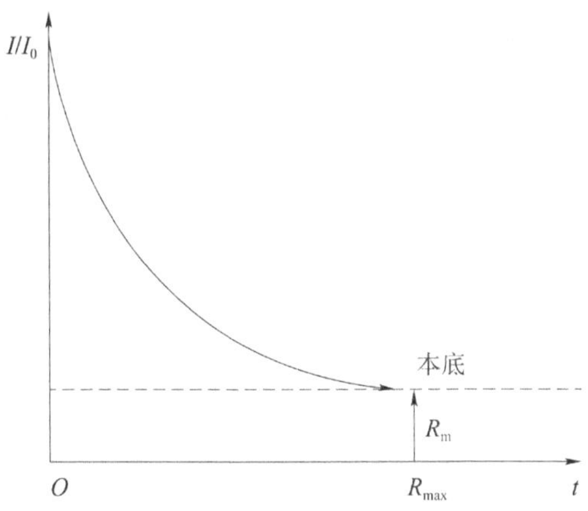

图 1-10　β 射线的注量率减弱示意

1.4.3　γ 射线与物质的相互作用

从原子核中放出的γ射线与 X 射线一样，也是由光子组成，同属于电磁辐射，本质上与无线电波、红外线、可见光线、紫外线相同，只是因为电磁辐射的波长（或相应的频率、能量）范围不同，才各有其专属的名称，见表 1-2，X 射线或γ射线的波长短、能量高，具有很强的穿透性。

表 1–2 电磁辐射谱

电磁辐射类型	频率/Hz	真空中的波长/cm	能量/MeV
无线电波	$1\times10^{5}\sim3\times10^{12}$	$1\times10^{-2}\sim3\times10^{5}$	$4.13\times10^{-16}\sim1.24\times10^{-8}$
红外线	$1\times10^{12}\sim3.9\times10^{14}$	$7.7\times10^{-5}\sim3\times10^{-2}$	$4.13\times10^{-9}\sim1.61\times10^{-6}$
可见光线	$3.9\times10^{14}\sim7.5\times10^{14}$	$4.0\times10^{-5}\sim3\times10^{-2}$	$1.61\times10^{-6}\sim3.10\times10^{-6}$
紫外线	$7.5\times10^{14}\sim5\times10^{16}$	$6.0\times10^{-7}\sim4.0\times10^{-5}$	$3.10\times10^{-6}\sim2.06\times10^{-4}$
软 X 射线	$3\times10^{16}\sim3\times10^{18}$	$1.0\times10^{-8}\sim1.0\times10^{-6}$	$1.24\times10^{-4}\sim1.24\times10^{-2}$
诊断用 X 射线	$3\times10^{18}\sim3\times10^{19}$	$1.0\times10^{-9}\sim1.0\times10^{-8}$	0.012 4～0.124
深部治疗用 X 射线	$3\times10^{19}\sim3\times10^{20}$	$1.0\times10^{-10}\sim1.0\times10^{-9}$	0.124～1.24
γ 射线	$2\times10^{18}\sim2.5\times10^{21}$	$1.2\times10^{-11}\sim1.5\times10^{-8}$	$8\times10^{-3}\sim10$

X 射线与 γ 射线的本质相同，决定着它们与物质作用有相同的过程，以下的讨论中将只提及 γ 射线，图 1–11 示意性地画出了 X 射线或 γ 射线进入生物组织后，光子的能量在其中转移、吸收乃至最终引起生物损伤的大概过程，可以看到，在物质中每经一次相互作用，光子的一部分能量就被转移给电子，另一部分则被散射（或特征 X 射线、质湮辐射）光子所带走。通常一个入射光子的全部能量转移给电子，平均只需 30 次的相互作用，以下就研究这种能量转移过程及与其有关的各种系数。

γ 射线通过物质时，将同时与其中原子的电子、核子、带电粒子的电场以及原子核的介子场相互作用，可能发生光子的吸收、弹性散射或非弹性散射作用过程。发生吸收作用时，光子的能量全部转变为其他形式的能量；发生弹性散射作用时，将仅仅改变光子传播的方向；而发生非弹性散射时，不仅改变光子的方向，同时光子的能量也部分地被吸收。表 1–3 列出了 γ 射线与物质相互作用的各种可能的过程，在这些作用中，γ 射线将主要经由“光电效应”“康普顿（Compton）效应（也称康普顿散射）”“电子对效应”三种形式损失能量，其他作用过程造成的能量损失所占比例非常少，因而下面着重讨论上述 3 个主要作用过程。

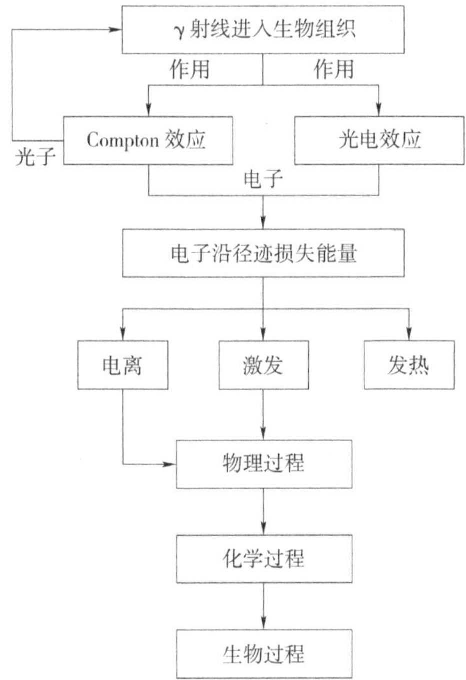

图 1-11　光子能量在生物组织中的吸收及其引起的生物损伤过程

表 1-3　γ 射线和物质相互作用的各种可能形式的分类

<table>
<tr><th rowspan="3">作用对象</th><th colspan="3">作用类型</th></tr>
<tr><th rowspan="2">吸收</th><th colspan="2">散射</th></tr>
<tr><th>弹性散射</th><th>非弹性散射</th></tr>
<tr><td>原子中的电子</td><td>光电效应
光电 ：$\sim Z^4$（高能）
$\sim Z^5$（低能）</td><td>瑞利散射
$\sigma_R \sim Z^2$
（低能范围）</td><td>康普顿散射
$\sigma \sim Z$</td></tr>
<tr><td>核子</td><td>光核反应
（γ，n）（γ，p）（γ，f）
$\sigma_{光核} \sim Z$</td><td>弹性核散射</td><td>核共振散射</td></tr>
<tr><td>带电粒子
周围的电场</td><td>电子对产生
a 原子核的电场
$R_n \sim Z^2$（$h\nu \geq 1.02$ MeV）
b 电子的电场
$R_\varepsilon \sim Z$（$h\nu \geq 2.04$ MeV）</td><td>德布里克散射</td><td>—</td></tr>
<tr><td>介子</td><td>光介子产生
$h\nu \geq 140$ MeV</td><td>—</td><td>—</td></tr>
</table>

1.4.3.1 光电效应

入射光子打在原子上，光子本身消失，能量全部转移给原子，然后由原子某一壳层飞出一个电子，同时原子受到反冲，因此光电效应就是入射光子从原子中打出电子，而光子本身消失的过程。

1. 光电子的动能

飞出的电子称光电子，其动能为

$$T_e = E_\gamma - \varepsilon_n \qquad (n=k、l\cdots\cdots) \qquad (1-41)$$

式中，T_e 为光电子动能；E_γ 为入射 γ 光子能量；ε_n 为电子的结合能，它与原子核的电荷 Z 与所处的壳层有关，一般为几千电子伏特至几万电子伏特。由于 γ 射线的能量在几万电子伏特到几兆电子伏特，故 $T_e \approx E_\gamma$，所以通常可以用测定光电子能量方法来确定 γ 射线的能量。

2. 作用截面

量子电动力学计算和实验表明，当 E_γ<<0.511 MeV 时，σ_{ph}、Z、E_γ 三者有如下关系：

$$\sigma_{ph} \propto \frac{Z^5}{E_\gamma^{7/2}} \qquad (1-42)$$

式中，Z 为介质的原子序数；E_γ 为入射 γ 光子能量。从式（1-42）中可以看出，σ_{ph} 随物质原子序数 Z 的增加而迅速增大，随入射光子能量的增加而减小，因此，在辐射防护和 γ 射线探测中，一般选用高 Z 物质。

1.4.3.2 康普顿效应

康普顿效应发生在入射 γ 射线和物质中电子之间，入射光子与物质原子的电子发生碰撞，入射 γ 射线相对于原来的方向被偏转一个角度 θ，并将其一部分能量传递给电子，电子脱离原来原子的束缚成为自由电子，此电子称为反冲电子。反冲电子相对于入射光子方向以角度 Φ 从原子中发射出来。由于 γ 射线与原子中电子作用的随机性，所以反冲电子的能量可以是介于 0 到某一能量值（小于入射 γ 射线能量）间的任一值。被散射的光子称为散射光子。

1. 散射光子和反冲电子能量

任意一次相互作用的能量传递和散射角的关系式，都可由能量守恒和动量守恒联立方程来推导，散射光子能量 E_γ' 为

$$E_\gamma' = \frac{E_\gamma}{1+(E_\gamma / m_e c^2)(1-\cos\theta)} \tag{1-43}$$

式中，$m_e c^2$ 为电子静止能量（0.511 Mev）；E_γ 为入射 γ 射线能量，当 θ=0°时，E_γ' =E_γ，此时入射光子从电子近旁掠过，未受到散射；θ=180°时，入射光子与电子对头碰撞后，光子沿相反方向散射回来，这时散射光子能量最小，即

$$E_\gamma' = \frac{E_\gamma}{1+(2E_\gamma / m_e c^2)} \tag{1-44}$$

同样可以推导反冲电子能量关系式，可以证明反冲电子能量 T_e 为

$$T_e = \frac{E_\gamma}{1+[m_e c^2 / E_\gamma(1-\cos\theta)]} \tag{1-45}$$

当 θ=0°时，T_e 趋近于 0，说明没有反冲电子产生。

当 θ=180°时，反冲电子能量达到最大值（T_e）$_{max}$。

$$(T_e)_{max} = \frac{E_\gamma}{1+\left(m_e c^2 / 2E_\gamma\right)} \tag{1-46}$$

式（1-46）中的符号意义同上，从式（1-45）中可以看出，康普顿效应产生的反冲电子能量从 0 到（T_e）$_{max}$ 随 θ 变化而连续分布。

2. 作用截面

康普顿效应发生在光子和电子之间，因此光子的原子散射截面 σ_c 可以看作光子与原子的每个电子散射截面之和，由此可知：

$$\sigma_c \infty \frac{Z}{E_\gamma} \tag{1-47}$$

式中，Z 为介质的原子序数；E_γ 为入射 γ 光子能量。γ 射线能量为 0.5～5.0 MeV，与物质发生作用时，康普顿效应是主要过程。从辐射防护角度来

看，通过康普顿散射作用过程，γ 射线能量逐步降低，最后被介质吸收。

1.4.3.3. 电子对效应

当入射光子能量大于 2 倍电子静止能量（$2m_ec^2$）时，即 $E_\gamma > 1.02$ MeV 时，光子从原子核近旁经过时，光子会消失，而转化为 1 个电子和 1 个正电子，这一作用过程称为电子对效应。

1. 正、负电子的能量

在电子对产生时，入射光子能量一部分转化为两个电子静止的能量，其余部分转化为正、负电子动能，存在如下关系：

$$E_\gamma = 2m_ec^2 + T_{e^+} + T_{e^-} \tag{1-48}$$

式中，T_{e^+}、T_{e^-} 为正、负电子的动能。由式（1-48）可知，当 E_γ 一定时，T_{e^+} 和 T_{e^-} 的总和为一常数，即

$$T_{e^-} + T_{e^+} = E_\gamma - 2m_ec^2 \tag{1-49}$$

由于电子和正电子之间能量分配是任意的，理论上每一个粒子的动能都可以是介于 0 到 $E_\gamma - 2m_ec^2$ 的任意值，但一般情况下，由于电子和正电子质量相等，剩余能量经常被两者平分。

在介质中电子对效应产生的正电子的能量损失过程，与带电粒子一样，直到最后电子与介质中的一个电子结合，再转化为两个 γ 光子，形式如下：

$$e^+ + e^- \to 2E_\gamma' \tag{1-50}$$

这个过程被称作电子湮没，这两个光子被称为湮没辐射。

2. 作用截面

因为电子对效应发生在原子核附近，所以电子对效应截面的理论公式比较复杂，但可以简化出它与介质原子序数 Z 和入射光子能量 E_γ 的关系，当 $2\,m_ec^2 < E_\gamma < 5\,m_ec^2$ 时，

$$\sigma_p \propto Z^2(E_\gamma - 2m_ec^2) \tag{1-51}$$

当 $5\,m_ec^2 < E_\gamma < 10\,m_ec^2$ 时，

$$\sigma_p \propto Z^2 \ln E_\gamma \qquad (1\text{-}52)$$

可见电子对效应的截面随介质原子序数的增加而迅速增大，正比于 Z^2。从辐射防护角度看，当发生电子对效应时，入射光子虽然被吸收了，但正电子在介质中产生的湮没辐射也是不可忽视的。

综上所述，γ 射线与物质相互作用时，通过以上三种效应损失能量，并且能量逐渐被物质吸收，表 1-4 列出三种效应的基本特点。

表 1-4　γ 射线与物质相互作用的三种效应的比较

项目	光电效应	康普顿效应	电子对效应
作用机制	M L K Ze E_γ e^-	M L K Ze E'_γ E_γ e^-	M L K Ze E_γ e^+ e^-
作用截面与吸收物质原子序数的关系	$\sigma_{ph} \propto Z^5$	$\sigma_c \propto Z$	$\sigma_p \propto Z^2$
作用截面与入射光子能量的关系	$\sigma_{ph} \propto E_\gamma^{-\frac{7}{2}}$ （$E_\gamma > \varepsilon_k$） $\sigma_{ph} \propto E_\gamma^{-1}$ （$E_\gamma >> m_e c^2$）	$\sigma_c \propto E_\gamma^{-1}$ （$E_\gamma >> m_e c^2$）	$\sigma_p \propto$ （$E_\gamma - 2 m_e c^2$） （$2 m_e c^2 < E_\gamma < 5 m_e c^2$ $\sigma_p \propto \ln E_\gamma$） （$5 m_e c^2 < E_\gamma < 10 m_e c^2$）
次级电子的动能	$T_e = E_\gamma - \varepsilon_n$	$T_e = \dfrac{E_\gamma}{1 + \dfrac{m_e c^2}{E_\gamma (1 - \cos\theta)}}$	$T_e^+ + T_e^- = E_\gamma - 2 m_e c^2$

1.4.3.4　γ 射线在物质中的吸收

一束 γ 射线通过物质时，其中有部分光子与物质发生作用，有的光子不经任何作用穿过物质。对于某一能量为 E_γ 的光子来说，只要在物质中发生任何作用效应，就会在原来方向上消失。显然，γ 射线越强，与物质相互作用概率越大，γ 射线被吸收的概率也越大；当 γ 射线强度一定时，吸收物质越厚，或单位体积中的原子数目越多，或物质吸收截面 σ_t 越大，则光子被吸收的数目也就越多。理论计算和实验表明，在窄束 γ 射线通过物质时，其强度的减弱服从指数规律，即

$$I = I_0 e^{-\mu x} \tag{1-53}$$

式中，I_0 为物质厚度 x=0 时的 γ 射线强度；I 为 γ 射线通过厚度为 x 的物质时的强度；μ 为物质的线性衰减系数，表示 γ 射线光子在单位路程长度内离开原来射线束的概率。

由式（1-53）可知，对于 γ 射线只能说通过一定厚度的物质后，强度减弱了多少，不能用射程概念来描述 γ 射线在物质中的穿透能力。

如果用 μ_{ph}、μ_c 和 μ_p 分别表示光电效应、康普顿效应和电子对效应的线性衰减系数，则总线性衰减系数为

$$\mu = \mu_{ph} + \mu_c + \mu_p \tag{1-54}$$

设 ρ 为吸收介质密度，A 为原子量，N_A 为阿伏加德罗常数，则单位体积吸收物质的原子数 $N=N_A \cdot \rho/A$。根据前面关于截面的定义，则线性衰减系数可写作

$$\mu = N\sigma_t = N\sigma_{ph} + N\sigma_c + N\sigma_p \tag{1-55}$$

在辐射防护中，常常用到质量减弱系数，其换算关系为

$$\mu_m = \mu / \rho \tag{1-56}$$

式中，ρ 为吸收介质密度（g/cm^3），μ 的单位是 cm^{-1}，而 μ_m 的单位则是 cm^2/g。

1.4.4　中子与物质的相互作用

1.4.4.1　中子源

中子源主要有同位素中子源、密封小型加速器中子源（中子管）以及反应堆中子源。

常用的同位素中子源有 ^{241}Am–Be 源和 ^{252}Cf 源。^{241}Am–Be 中子源是由 AmO_2 和金属铍粉混合均匀后压制，再用三层不锈钢外壳密封而成，发射的中子平均能量为 4.5 MeV，其半衰期比较长，约为 433 a，镅铍（Am–Be）中子源可以提供稳定的中子输出；^{252}Cf 中子源的中子产额比较高，中子平均能量为 2.58 MeV，但是其寿命短，半衰期只有 2.65 a，不能长时间提供稳定的中子输出，而且中子平均能量比较低，不利于 C、O 元素的测量。

中子管实际上是一种小型的加速器，它把离子源、加速系统、靶和气压调节系统全部密封在一支陶瓷管内，构成一支结构紧凑、使用方便的电真空器件，通常利用 D–T 反应或 D–D 反应来产生中子。D–T 管中子产额高，平均中子能量为 14 MeV，而 D–D 管的中子产额比 D–T 管要小 2 个数量级，中子平均能量为 2.5 MeV，与同位素中子源相比，中子管的特点是能在连续或脉冲模式（μs 级）下工作，关机后没有放射性，在进行测量时，可以在时间上将快中子非弹性散射能谱和热中子俘获能谱分开，可为核素分析提供更精细的能谱，但是中子管寿命较短（一般为 2 000～4 000 h），使用成本比较高。

另外，反应堆能够提供高通量产额的中子，但是造价和运行费用比较高，设备庞大昂贵，并且受到空间的限制，因此反应堆中子源一般只用于精细测量，不适合进行在线实时测量。

1.4.4.2　中子与物质的相互作用

1. 中子与物质相互作用概述

中子与原子核碰撞后，中子或者是在核力场中简单地偏离（散射）原来的运动方向，或是被原子核俘获。由于中子受核力场影响偏离原来运动方向而产生的散射，通常叫作势散射，这种散射是中子与原子核相互作用中的最简单过程。如果不能形成复合核，则势散射是中子与原子核相互作用时的唯一过程，由于核力是一种吸引力，形成复合核的可能性总是存在的。

在中子被俘获时析出的中子结合能 ε 以及中子动能 E 的共同作用下，复合核往往处于激发态，激发能一般接近 $\varepsilon+E$，若碰撞前原子核是静止的，激发能 E^*可表示为

$$E^* = \frac{M}{M+m}\varepsilon + E \tag{1-57}$$

式中，M 为被轰原子核的质量；m 为中子的质量，按能量守恒定律，ε+E 减去激发能，所剩下的部分能量 $[(\varepsilon+E)-E^* = \frac{m}{M+m}\varepsilon]$ 成为复合核的动能。

受激复合核存在的时间与中子穿过原子核的时间相比，可以说是相当长的，受激复合核跃迁到较低的能态，可以通过发射光子、发射某一种粒子（如质子、中子、α 粒子）或是发生裂变反应等转换为稳定状态。

中子俘获过程中一般会伴随着 γ 光子的发射，这种反应过程叫作辐射俘获。伴随着某种粒子发射的中子俘获过程，被称为核转变。假若出射的粒子是中子，核转变似乎并未发生，就好像发生的是中子散射反应，但这类过程与势散射不同，由于经历了复合核这个中间态，中子从复合核发射出来之后，剩余核不仅可能成为基态，还可能成为受激态。如果剩余核处于基态，这种过程叫作弹性散射；假若剩余核处于受激态，这个过程被称为非弹性散射。

弹性散射与非弹性散射的区别在于相互作用过程中的动能是否守恒，按散射机制区分，散射可以分为势散射与存在中间复核态的散射，因为具有中间态的复合核，会像任何量子力学系统一样，处于特定的能量（或能级）量子态，形成具有接近某一能级的复合核将有很大的概率，因为激发能

$E^{*}=\frac{M}{M+m}\varepsilon+E$ 与中子的动能 E 是单能关系，因而复合核与轰击中子的能量具有共振的关系。假设 E_1^{*} 是复合核的一个能级，当中子因具有能量 E，而能使 $E^{*}=E_1^{*}$ 成立时，则形成共振核的概率最大。由于这种散射与复合核中间态有关，故通常叫作共振散射。从动力学上看，弹性共振散射与势散射毫无区别，但这两种反应过程的发生概率不同。中子与原子核碰撞主要存在以下类型：

弹性散射—势散射和共振散射 (n,n)；

非弹性散射—(n,n')；

去弹性散射；

辐射俘获—(n,γ)；

核裂变—(n,f)；

散裂反应（中子能量相当高时发生的反应），如（$n,2n$）、（$n,3n$）……、（n,pn）等。

2. 中子与物质作用形式

中子也是非带电粒子，与物质原子核相互作用的频率要比带电粒子在该介质中的作用频率低得多，表述中子在物质中的衰减和吸收过程的方式与光子情况类似，但中子与光子又是完全不同的粒子，与物质作用的方式有其自身特点，如中子与电子几乎不发生相互作用，而主要与原子核发生相互作用。中子与不同元素的反应截面相差很大，甚至与同种元素的不同同位素之间的反应截面相差也很大。在讨论中子与物质相互作用一般规律时，将着重分析讨论中子与生物组织相互作用的过程与特点。中子与物质的相互作用类型一般可分为弹性散射、非弹性散射、去弹性散射、辐射俘获和散裂反应等几种类型。

（1）弹性散射

如果中子与原子核相互作用后，中子改变了原来的运动方向和动能，并使靶核获得反冲能量，但作用前后整个作用体系的总动能保持不变，这种相互作用过程被称为弹性散射。

设入射中子的动能为 E_n，反冲核方向与中子入射方向间的夹角为 θ（称为反冲角），根据动量守恒定律和动能守恒定律，可得到反冲核的动能 E_N 为

$$E_N = \frac{4M \cdot m}{(M+m)^2} \cdot E_n \cdot \cos^2\theta \tag{1-58}$$

式中，M 和 m 为反冲核和中子的质量。

反冲角 $\theta = 0$ 时，反冲核的动能 E_N 达到最大值：

$$E_{N,max} = \frac{4M \cdot m}{(M+m)^2} \cdot E_n \tag{1-59}$$

14 MeV 以下的中子与不太重的原子核之间发生的弹性散射作用是各向同性的，在这种情况下的反冲核动能平均值是

$$E_N = \frac{2M \cdot m \cdot E_n}{(M+m)^2} = \frac{1}{2} E_{N,max} \tag{1-60}$$

从上述各式可以看出，弹性散射中的靶核越轻，其获得的动能越大，如中子与氢核（质子）的一次弹性散射作用过程中，反冲质子可获得中子的全部动能，而反冲质子获得的平均动能为入射中子动能的一半，因此，氢对中子具有最强的慢化能力，机体组织中氢的含量较高，中子与氢核的弹性散射是快中子在组织中沉积能量的主要方式。

弹性散射的截面随中子能量的增加而下降，在低能区下降较快并伴有共振峰，在高能区变化比较平缓，图 1-12 给出了组织中最重要的四种元素（O、C、H 和 N）的弹性散射截面随中子能量变化的关系曲线。

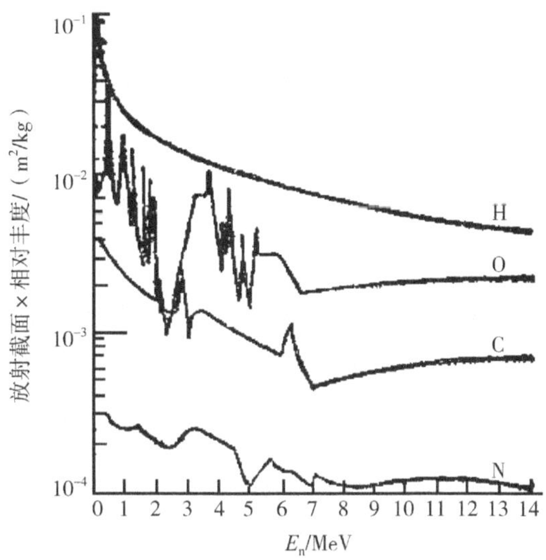

图 1-12 O、C、H 和 N 的弹性散射截面随中子能量变化的关系曲线

（2）非弹性散射

在非弹性散射（Inelastic Scattering）过程中，中子将一部分动能转变为靶核的反冲动能和激发能，随后靶核退激回到基态，在此过程中，总动量和能量守恒，而总动能不守恒。

当中子的动能大于靶核的第一激发能与反冲动能（靶核为保持动量守恒而获得）之和时，才可能发生非弹性散射，中子的非弹性散射阈能 E_{th} 可表示为

$$E_{th} = E_{\gamma} \cdot \frac{M+m}{M} \tag{1-61}$$

式中，E_{γ} 是靶核的第一激发能，当中子的动能大于阈能时，非弹性散射截面随中子能量的增加而迅速增大，并伴有一些共振峰，在较高能区则出现缓慢下降趋势。

轻核的第一激发能级约为几兆电子伏，而重核的激发能级只有 100 keV 左右；快中子与重核的非弹性散射反应较易发生，所以，重核的非弹性散射反应占优势。因机体组织中只含有微量重元素，中子在机体组织中由非弹性散射产生的能量沉积小于其中的弹性散射导致的能量沉积。

（3）去弹性散射

中子与原子核碰撞后，发射出的粒子不是单个中子的相互作用过程，这类作用形式称为非弹性散射，如$^{14}C(n,2n)^{13}N$、$^{14}N(n,n',p)^{13}C$和$^{18}O(n,n',p)^{15}N$等反应，在C、N和O等元素中，高能中子发生去弹性散射的能量损失占优势。

（4）辐射俘获

中子接近靶核时被靶核俘获而形成复合核，发射出一个或几个光子后到达基态，这种作用过程称作辐射俘获反应（或称俘获反应）。俘获反应截面在共振区外随$1/\sqrt{E_n}$而变化，称为$1/v$规律，因此只有热中子和低能中子的辐射俘获反应才是重要的。在组织中对辐射剂量有较大影响的辐射俘获反应形式是$^{1}H(n,\gamma)D$，其中发射的光子能量$E_{\gamma}=2.225\ \text{MeV}$，这是低能中子在大块组织中对能量沉积贡献最大的一种反应形式。

（5）散裂反应

原子核吸收高能中子而分裂成几个核裂变碎片，并放射出若干个粒子的反应称为散裂反应。一般情况下，当中子的能量达到100 MeV以上时，散裂反应才是重要的，带电的核裂变碎片产生很大的局部能量沉积，而散裂过程放射出的中子和γ射线将携带部分反应能逸出局部区域，能量大于13 MeV的中子在碳核上的$(n,n',3\alpha)$反应起主导作用。

中子与物质各种相互作用截面与中子能量有关，并且还随物质组成的不同而有所不同。对同一种元素的各种同位素，其差别也很大。辐射剂量学主要研究中子与组成人体组织的元素间的相互作用，C、H、O、N等轻元素约占人体组织的96%，在肌肉组织中更是占99%，中子与人体组织的相互作用主要是与这四种元素的相互作用。表1-5列出了能量小于100 MeV的中子与这四种元素的相互作用的主要类型，与H辐射俘获反应形式是$^{1}H(n,\gamma)D$，与C非弹性散射反应形式主要有$^{12}C(n,n',3\alpha)$、$^{12}C(n,\alpha)^{9}Be$，与N非弹性散射反应形式主要有$^{12}C(n,n',3\alpha)$、$^{12}C(n,\alpha)^{9}Be$，与N非弹性散射反应形式主要有$^{14}N(n,p)^{14}C$、$^{14}N(n,d)^{13}C$、$^{14}N(n,t)^{12}C$、$^{14}N(n,\alpha)^{11}B$、$^{14}N(n,2\alpha)^{7}Li$和$^{14}N(n,2n)^{13}N$，与O非弹性散射反应形式主要有$^{16}O(n,\alpha)^{13}C$、

$^{16}O(n,n',\alpha)^{12}C$ 、 $^{16}O(n,n',p)^{15}N$ 和 $^{16}O(n,p)^{16}N$ 。中子与组织的各种相互作用形式、Q 值以及产生的光子能量等数据可以在有关参考资料中查到，这些数据对人体吸收剂量计算非常重要。

表 1-5　能量小于 100 MeV 的中子在生物组织中主要作用形式

元素	H	C	N	O
作用形式	弹性散射 辐射俘获	弹性散射 非弹性散射	弹性散射 非弹性散射	弹性散射 非弹性散射

除慢中子外，中子与组织相互作用的主要形式是与 H、O、C 和 N 的弹性散射，由于 H 按组织成分加权的弹性散射截面最大，中子与 H 作用时的能量损失也最多。对能量大于 1 keV 的中子，在组织中对能量沉积起主导作用的是反冲质子；当中子能量超过 4 MeV 时，中子与 O、N 的非弹性散射以及去弹性散射作用也对其有一定的影响；能量大于 10 MeV 的中子会与碳核发生散裂反应，进而在组织中产生高密度的能量沉积；热中子和慢中子与在组织中的主要作用形式是 $^{1}H(n,\gamma)D$（产生 2.225 MeV 的 γ 射线，并在组织中产生能量沉积）和 $^{14}N(n,p)^{14}C$ 反应（放出 0.62 MeV 的反应能，由质子和反冲核共同在局部组织沉积能量）；能量小于 40 eV 的中子在小块组织中由 $^{14}N(n,p)^{14}C$ 反应产生大部分能量沉积。

中子产生的带电粒子在组织中将被慢化，其慢化谱可表示为

$$\varPhi_E = \frac{1}{S(E)/\rho}\int_E^{E_{\max}} n_{E'}\mathrm{d}E' \tag{1-62}$$

式中，$E_{\max}$ 是一种特定带电粒子的最大能量，$S(E)/\rho$ 是能量为 E 的粒子的质量阻止本领；$n_{E'}$ 是带电粒子的质量密度谱分布。

思考练习题

1．在 α 射线、β 射线的射程公式中，各个物理量单位是什么？如何理

解 β 粒子真实径迹比直线大许多？

2．已知铝的密度为 2.7 g/cm^3，原子核质量数为 27，试求能量为 6 MeV 的 α 粒子在空气和铝中的射程，并进行比较。

3．^{90}Sr–^{90}Y 放射源产生 β 射线，计算 β 射线在空气、铝和塑料中的最大射程分别是多少？（ρ_{Al}=2.7 g/cm^3，$\rho_{空}$=0.001 293 g/cm^3，$\rho_{塑}$=1.4 g/cm^3）

4．^{60}Co 放射源同时放出 β 射线和 γ 射线，如果在实际工作时仅需用 γ 射线，而不用 β 射线，应采取什么措施？为什么？

5. 如果在一极薄的 β 源下分别放一块有机玻璃、一块铝板和一块铁板，探测器上的读数如何变化？如果将有机玻璃、铅板和铁板分别放置于该源与探测器之间，读数又会如何变化？

6．什么是 γ 射线与物质相互作用的截面？写出 γ 射线的总截面与三种效应的分截面的关系。

第 2 章　核与辐射应用

2.1　辐射来源及分类

2.1.1　辐射来源

通常，核辐射有两种来源：一种来自天然辐射；另一种来自人类在涉核实践活动中造成的人工辐射。

2.1.1.1　天然辐射

天然辐射主要来自宇宙、星际空间以及太阳不断产生的能量浩大的宇宙射线，主要是直接来自外层空间的高能带电粒子，也称初级辐射，如质子（p）、α 粒子以及其他重原子核，这些来自外层空间的初级辐射有很强的贯穿能力，在穿过广阔宇宙空间（特别是在大气层）时会与大气层的各种核素发生相互作用，产生各种次级射线和电磁辐射（次级辐射），如 μ子、光子、电子和中子等，也会生成一些放射性核素（称为宇生放射性核素，如 ^{14}C、^{3}H 等），在经历各种作用过程后，初级射线的能量逐渐损失。人们接受宇宙射线剂量的大小与所处地理位置密切相关，通常，在低海拔地区接受的宇宙射线剂量比高海拔地区小，这就是高度效应；在赤道附近接受的宇宙射线剂量比两极小，这是宇宙射线的纬度效应。全球范围内，宇宙射线作用于人的年平均有效剂量（一种表征人体所受射线照射剂量的物理量，在本书第 3 章介绍）为 380 μSv，而我国人口年平均有效剂量为 340 μSv。

天然辐射也来自土壤和岩石中的放射性元素，如 ^{238}U、^{232}Th 系中的放射性核素和 ^{40}K 放出的 γ射线，而 ^{235}U 的辐射水平低，因而贡献很小。这些放射性元素的浓度与地理位置、地质构造有很大关系，虽然地球上存在高辐射本底地区，但大部分地区的辐射本底并不高。联合国原子辐射效应科学委员会（UNSCEAR）报告指出，全球范围内，人在室内、外的年平均有效剂量值分别为 0.07 mSv 和 0.41 mSv，两者之和约为 0.48 mSv，不同国家室内、外的人年平均有效剂量值之和为 0.3～0.6 mSv，在中国，室内、外的人年平均有效剂量之和约为 0.54 mSv。

此外，人体内也含有微量的放射性元素，如 ^{14}C 和 ^{40}K 等，另外，氡和钍等放射性气体会从岩石和土壤中扩散出来，进而被植被和动物吸收，致使大多数食品中也存在可以测量到的放射性物质，这些放射性物质被人吸食后将滞留于体内一段时间，另外，某些建筑材料也会释放出来一定量的氡气，在居室内产生额外的照射剂量，目前已经引起人们的普遍关注。自然界中氡的三种同位素 ^{222}Rn（3.823 5 d）、^{220}Rn（55.6 s，也称钍射气）、^{219}Rn（3.96 s）分别来自铀系、钍系和锕系，其中 ^{222}Rn、^{220}Rn 是有效剂量的主要贡献者，且前者比后者大得多。^{222}Rn、^{220}Rn 对人贡献的有效剂量是内照射和外照射共同作用的结果，全球范围内，两者造成的人年平均有效剂量分别为 1.15 mSv、0.1 mSv，两者之和为 1.25 mSv。在中国，人受到 ^{222}Rn、^{220}Rn 内照射、外照射产生的年平均有效剂量分别为 0.725 mSv 和 0.23 mSv，两者之和为 0.955 mSv。

2.1.1.2 人工辐射

人工辐射主要来源医学诊断和治疗中的应用和核技术应用等领域，还包括核能生产、放射性废物、核事故以及核武器制造与实验后的产物等。

医疗照射是公众人工照射剂量的最大来源，约占所有人工辐射照射剂量的 95%。医疗照射包括 X 射线诊断（含 CT）、放射性药物诊断、远近距离体外照射治疗、放射性药物治疗、介入治疗等，按照联合国原子辐射影响科学委员会（UNSCEAR）的报告，全球范围内人均年放射性诊断受照剂量为 0.4 mSv（其中核医学的贡献约为 0.03 mSv），该报告未给出放射医学治疗的数据，我国平均医疗照射的年均剂量约为 0.09 mSv，其中 X 射线诊断的贡献约为 0.07 mSv，核医学检查与治疗的贡献为 0.02 mSv。

核能生产对公众的照射主要来自核燃料循环引起的照射，如铀矿开采、水冶、转变、浓集，核燃料组件制造，核燃料燃烧，放射性“三废”排放，乏燃料运输、贮存、循环再利用等，按照 UNSCEAR 的报告，1995—1997 年，核能产业对世界公众的照射为 0.2 μSv/a。

大气核试验是地域分布最广的人工辐射来源。1945—1980 年，全世界进行了 543 次大气核试验。其影响主要是裂变和活化产物进入大气对流层和平流层，广泛地迁移、弥散、沉积，使公众吸入、食入放射性核素并直接受到这些核素放出射线的外照射；地下核试验次数多于大气核试验次数，但泄漏到环境中的放射性物质很少，因此对公众的影响可以忽略；目前的人类生活环境中，只有寿命较长的 ^{90}Sr 、^{137}Cs、^{3}H、^{14}C 等放射性核素存在，核试验产生放射性核素对公众的照射剂量逐年下降 2%～4%。2000 年我国公众照射剂量中来自核试验的剂量约为 6 μSv/a。

人工辐射中应用最广泛的是用放射性核素制成的放射性同位素辐射源，这里简称放射源。除此之外，一些装置如反应堆、加速器、X 光机等都可以产生各种辐射，表 2-1 列出了人体接受各种电离辐射的年均剂量。

表 2-1 人体接受电离辐射的年均剂量

辐射源		我国公众		全球公众	
		年平均/mSv	份额/%	年平均/mSv	份额/%
天然辐射源	宇宙射线	0.34	14.1	0.38	13.5
	陆地 γ射线	0.54	23.4	0.48	17.1
	氡气	0.725	30.2	1.15	40.9
	钍射气	0.230	9.6	0.10	3.5
	其他内照射	0.42	17.5	0.29	10.4
人工辐射源	医疗照射	0.09	3.8	0.4	14.3
	大气核试验	0.006	0.2	0.005	0.2
	核事故	0.002	0.1	0.002	0.3
	核燃料循环	＜0.000 2	—	0.000 2	—
总计		约 2.4	100	约 2.8	100

2.1.2 辐射源分类

辐射源有多种分类方法。可以根据射线类型不同将辐射源分为α源、β源、γ源和中子源。目前，国际上普遍采用国际原子能机构（IAEA）推荐的辐射源分类体系，根据放射源与射线装置对人体健康和环境的潜在危害程度，从高到低将放射源分为Ⅰ类、Ⅱ类、Ⅲ类、Ⅳ类、Ⅴ类，将射线装置分为Ⅰ类、Ⅱ类、Ⅲ类。

2.1.2.1 放射源的分类

Ⅰ类放射源为极度危险源。如果这类源没有处于安全管理或可靠保安的状态下，可能对操作或接触这类源超过几分钟的人员造成永久性损伤；接近没有屏蔽的这类源几分钟至1 h 的人员可能受到致命性伤害。放射性同位素热电发生器、辐照装置、远程放射治疗仪以及伽玛刀等使用的放射源属Ⅰ类放射源。

Ⅱ类源为非常危险源。如果这类源没有处于安全管理或可靠保安的状态下，可能对操作或接触这类源超过几分钟至几小时的人员造成永久性损伤；接近没有屏蔽的这类源几分钟至几小时的人员可能受到致命性伤害。工业放射照相和高中剂量率短距放射治疗仪，其使用的放射源属Ⅱ类放射源。

Ⅲ类源为危险源。如果这类源没有处于安全管理或可靠保安的状态下，可能对操作或接触这类源超过数小时的人员造成永久性损伤；接近没有屏蔽的这类源几天至几周的人员，可能受到致命性伤害（尽管不太可能）。固定工业测量仪（如物位计、挖泥机测量仪、传送带测量仪）和测井测量仪等使用的放射源属Ⅲ类放射源。

Ⅳ类源为轻度危险源。这类源几乎不可能对任何人造成永久性损伤。但如果这类源没有处于安全管理或可靠保安状态下，对操作或接近没有屏蔽的这类源时间长达几周的人员或许可能造成暂时性损伤。低剂量率短距放射治疗仪、厚度/料位测量仪、湿度/密度测量仪、骨密度仪等使用的放射源属Ⅳ类放射源。

Ⅴ类源为没有损伤危险的放射源。这类源不会对任何人造成永久性损伤。低剂量率短距放射治疗仪（永久植入源）、X 射线荧光分析仪、正电子发射断层摄影术（PET）检查仪、电子俘获探测器、穆斯堡尔谱仪等使用的放射源属 V 类放射源。

上述五类放射源中，需特别关注的是Ⅰ类、Ⅱ类、Ⅲ类放射源，这三类放射源如果失控，都可能导致产生严重确定性效应的辐射危险，因此将这三类放射源统称为危险放射源。必须做好危险放射源的安全和保安管理，防止出现辐射事故，防止丢失、被盗或被恶意使用。

根据《放射性同位素与射线装置安全和防护条例》（国务院令　第 449 号），我国放射源主管部门（目前由各级生态环境部门负责）针对常用 64 种放射性核素，规定了每种核素作为放射源进行分类的下限值（详见附录 C）。当一种放射源的活度值低于对应上述核素Ⅴ类源活度的下限值时，这类放射源即为豁免源。

需说明，当 Am-241 用于固定式烟雾报警器时，豁免值为 1×10^5 Bq；当混合源的核素份额不明时，按其中危险度最大的核素进行分类，将该核素的活度视为放射源总活度。

2.1.2.2　射线装置的分类

（1）Ⅰ类射线装置。事故时短时间照射可以使受到照射的人员产生严重放射损伤，安全与防护要求高。常见医用射线装置包括质子治疗装置、重离子治疗装置和其他粒子能量大于等于 100 MeV 的医用加速器；非医用射线装置主要包括生产放射性同位素用加速器［不含制备正电子发射计算机断层显像装置（PET）放射性药物的加速器］、粒子能量大于等于 100 MeV 的非医用加速器。

（2）Ⅱ类射线装置。事故时可以使受到照射的人员产生较严重放射损伤，安全与防护要求较高。常见医用射线装置包括粒子能量小于 100 MeV

的医用加速器、制备正电子发射计算机断层显像装置（PET）放射性药物的加速器、X 射线治疗机（深部、浅部）、术中放射治疗装置、血管造影用 X 射线装置；非医用射线装置主要包括粒子能量小于 100 MeV 的非医用加速器、工业辐照用加速器、工业探伤用加速器、安全检查用加速器、车辆检查用 X 射线装置、工业用 X 射线计算机断层扫描（CT）装置、工业用 X 射线探伤装置、中子发生器。

（3）Ⅲ类射线装置。事故时一般不会使受到照射的人员产生放射损伤，安全与防护要求相对简单。常见医用射线装置包括 X 射线计算机断层扫描（CT）装置、诊断 X 射线装置、口腔（牙科）X 射线装置、放射治疗模拟定位装置、X 射线血液辐照仪；非医用射线装置主要包括人体安全检查用 X 射线装置、X 射线行李包检查装置、X 射线衍射仪、X 射线荧光仪、其他各类 X 射线检测装置（用于测厚、称重、测孔径、测密仪等）、离子注（植）入装置、兽用 X 射线装置、电子束焊机等。其他不能豁免的射线装置也列入Ⅲ类射线装置。

需说明，上述工业用 X 射线探伤装置可分为自屏蔽式 X 射线探伤装置和其他工业用 X 射线探伤装置，后者主要包括固定式 X 射线探伤系统、便携式 X 射线探伤机、移动式 X 射线探伤装置和 X 射线照相仪等利用 X 射线进行无损探伤检测的装置，自屏蔽式 X 射线探伤装置的生产、销售活动应按Ⅱ类射线装置管理；使用活动按Ⅲ类射线装置管理。对公共场所柜式 X 射线行李包检查装置的生产、销售活动按Ⅲ类射线装置管理，对设备的用户单位则实行豁免管理；对电子束焊机的生产、销售活动按Ⅲ类射线装置管理，对设备的用户单位也实行豁免管理；对于上述三类射线装置中未提到的射线装置的管理，应由射线装置主管部门与卫生主管部门共同商定。

2.2　辐射源的应用

从狭义来讲，辐射源的应用也称核技术，是指以核物理、辐射物理、放射化学、辐射化学，以及核辐射与物质相互作用为基础，以加速器、反应堆、核辐射探测器及核电子学为支撑技术的一门综合性现代科学技术，主要研究射线、粒子束和放射性核素的产生，核辐射与物质的相互作用，以及核辐射探测和各种应用技术。核技术利用放射性同位素产生的核辐射和其他方式产生的核辐射与物质相互作用，产生的物理、化学和生物效应等来观察自然现象、揭示自然规律、破解科学难题并加以实际应用。从应用角度来讲，核技术主要包括射线技术、粒子束技术和放射性同位素技术。广义的核技术也包括核武器技术和核动力技术（也称核能技术，在《核电技术及发展》一书予以详细介绍）。

自 1859 年德国物理学家伦琴发现一种可以穿透物质的辐射（X 射线）以来，经过 100 多年来人们在核技术领域的探索和发展，核技术现已成为科学和技术的一个重要分支，在工业、农业和医疗等许多领域得到广泛应用，并不断与其他学科交叉融合，成为现代科学技术的重要组成部分、当代高科技之一，是具有很强生命力和影响力且发展十分迅速的学科。

2.2.1　医学中的应用

2.2.1.1　体外脏器显像

有些试剂能够有选择性地聚集到人体某些组织或器官。以适当的同位素标记这类试剂，给病人口服或注射后，它就成为造影剂。用适当的核探仪器，就可以在体外显示试剂在体内的分布情况，并以此了解组织器官的形态和功能。例如，进行肝胆显像、颅内肿瘤扫描诊断、^{113}In 心血池扫描、放射性核素心血管闪烁造影、碘胆固醇的肾上腺显像等，均有较大的临床价值。这种技术可以显示脏器大小、位置、形态和功能等情况。

2.2.1.2 脏器功能测定

20 世纪 70 年代初，我国开始用放射性药物金-198（^{198}Au，如胶体金）、碘-131（^{131}I，如邻碘马尿酸）和碘化钠（NaI）等分别对肝、肾和甲状腺等脏器的疾病进行诊断，后来又开始用铬（^{51}Cr）、汞-203（^{203}Hg）、汞-197（^{197}Hg）以及钼-锝（Mo-Tc）、锡-铟（Sn-In）等放射性药物，这样，用相应的放射性药物可对体内绝大多数组织和器官进行诊断和功能检查。

2.2.1.3 体外放射性分析

体外放射性分析可以准确测出血、尿等样品中激素、药物、毒素等成分，如用于肝炎病毒性检查、肝炎普查、妊娠早期检查等。我国曾用甲胎蛋白放射法，在肝癌高发区普查了 19 万人口，发现了 300 例原发性肝癌，其中 45% 属于无症状的早期患者，从而挽救了不少人的性命。

2.2.2 工业中的应用

核技术的工业应用始于 20 世纪 50 年代兴起的辐射加工。辐射加工利用 ^{60}Co 源产生的 γ 射线或电子加速器产生的电子束照射物料，引起高分子材料发生聚合、交联和降解等化学反应，也可引起生物体辐射损伤和遗传变异。目前，辐射加工已被广泛用于制备优质电线电缆、热收缩材料、发泡材料、超细粉末、人造皮肤、高效电池隔膜和隐形眼镜，以及木材与磁带磁盘的涂层固化、橡胶硫化、纺织品改性等领域。近年来，食品辐射保鲜灭菌和医疗器具辐射灭菌也得到迅速发展。此外，随着同步辐射技术的发展，又出现了同步辐射光刻机和同步辐射精密加工技术，可以制造微型齿轮等微型零件。当前，放射性同位素已在水利、石油、冶金、化工、机械和电子等诸多工业部门获得广泛应用。下面介绍几种放射性同位素在工业领域的具体应用。

（1）精确快速分析钢水杂质，提高炼钢质量。在炼钢工业中，钢水杂质含量和成分将直接影响钢产品产量。其中硫和磷是最有害的杂质，为了及时准确地掌握钢水中磷含量，可用 ^{32}P 作为示踪核素，在每吨钢水中加入（1.48～1.85）$\times10^{-6}$ Bq 的示踪剂，在炉内混合均匀后，取样进行放射性活度测量，得出样品中 ^{32}P 的含量；另用化学分析手段，测量样品中磷的总量，建立起放射性活度与磷含量之间的关系。这样，只要连续监测钢水的放射性，就相当于连续监测磷含量，而不必用常规的繁复的化学分析手段。应用示踪法灵敏度高、精确、快速。如需分析硫含量，采用 ^{35}S 作为示踪剂，但 ^{35}S 的 β 粒子能量较低，最大能量为 0.167 47 MeV，探测灵敏度稍差。

（2）高炉炉壁耗损程度现场监测。炼钢炉炉壁一般用耐火砖或碳砖堆砌，高温灼烧后会逐渐熔化掉入炉内，影响钢的质量。炉壁损失超过极限不能被发现而继续使用，将造成很大损失。在高温下不可能用常规方法进行检查，利用示踪技术可很好地解决这一难题。在修建高炉时，将放射性同位素（^{60}Co）埋入炉衬耐火材料中一定深度（腐蚀磨损的极限深度）位置上，在生产过程中，可间隔一定的时间测量放射性强度，根据测得放射性强度的变化，便可知道炉衬的腐蚀磨损程度，从而决定检修时间。这种方法灵敏、准确、可靠，可在现场监测，已成为一种成熟的现场监测技术。

（3）改进材料性能。电子或 γ 射线辐照可以改变聚合物（如聚乙烯）的各种性质。原来的材料是由很长的平行分子链构成的，辐射使这些链连起来，这种过程叫作交联，如辐照过的聚乙烯具有较好的抗热性，就是很好的电线绝缘包皮材料。经过辐射可以把适宜的聚合物结合到纤维基底上，用这种方法可以制造各种不吸尘土的织物。

（4）同位素技术应用于磨损分析。在机械工业中，需要尽可能延长机械的寿命，必须科学地选择耐磨材料，研究磨损机理，并在机械运行过程中在线检测机件的磨损情况。放射性示踪技术可以解决其他方法不易解决的问题，对被研究机械部件如活塞环、汽缸套等，可以让它们经受中子照射，使一小部分 ^{56}Fe 变成放射性同位素铁（^{59}Fe），或用放射性核素进行标记，将其嵌入机械部件的适当位置，然后把活塞环或汽缸套装配到机器中，就可直接测定润滑油中放射性铁或其他放射性核素的数量，或把润滑油经浮选后再用探测器测量。机件的磨损程度可用计数率表示，计数率正比于磨损产物的量，据此可以判断活塞环或汽缸套是否需要更换。

（5）离子束加工。自20世纪70年代起，离子注入半导体加工技术已成为集成电路制造的关键技术之一。离子注入金属材料可提高其耐磨、抗腐蚀、抗氧化性能并增加硬度；离子注入陶瓷材料可提高其耐磨、导电等性能并克服其脆性；离子注入光学晶体可改变其折射率，制造光波导、变频器等集成光学器件；离子注入聚合物可用于制造微电子器件掩膜，其分辨率好于光束和电子束。此外，离子束加工技术还可以用于人工关节等生物医学工程材料的改性，提高其耐磨性和生物相容性。近些年又发展了离子束沉积技术、离子束混合技术、离子束成膜技术、高能离子注入和极低能离子注入技术、强流离子注入和强脉冲离子注入技术等，其应用范围更为广泛。离子束技术在辐照损伤模拟、微电子器件抗辐射加固等研究中也有重要应用。

（6）无损检测。核技术在工业无损检测技术中占很大比例并有显著优势。早期的射线探伤是用加速器产生的电子束打靶产生的X射线照射工件形成平面图像。20世纪70年代医用X射线CT诞生后不久，20世纪80年代即出现了工业CT，并很快应用到热轧无缝钢管的在线测试、发动机检测，甚至大型火箭的整体测试中。无损检测的一个成功例子是集装箱检查，我国已成功研制出基于加速器的和基于^{60}Co源的集装箱检测系统，为海关缉私提供了强有力的工具；另一种重要的无损检测手段是中子照相，用其检测火药、继电器、发动机叶片等有很高的灵敏度和分辨率，在航天与航空工业和国防上有重要应用。此外，工业核仪表如厚度计、密度计、料位计、核子秤、火灾报警器等可在高温、高压、酸碱腐蚀等环境中工作，可以不接触、不破坏被测对象，这是其他仪表所不及的。世界上石油勘探中有1/3是核测井完成的。

2.2.3　农业中的应用

核技术在农业中的应用具有较长历史，可以利用同位素示踪技术研究农作物的新陈代谢，根、茎、叶、果实等各个部位在新陈代谢中的作用，以判定怎样在土壤中施肥、什么时间施肥效果最好、光合作用的机制、农药残留和安全用药标准等；也可以利用辐射诱变育种技术培育新品和防治病虫害等。

农作物中磷是通过根从含有磷酸盐的土壤中吸收得来的。但磷的肥效如何，各种试验结果很不一致。将放射性磷酸盐溶液施入土壤，观察农作物的生长过程，在不同的时间从各个部位取样，根据各个部位放射性磷的变化，可以观察磷是怎样被农作物根部吸收，怎样沿着茎部上升、经过叶脉而散布于叶和果实中的。最后可以给出一幅磷吸收的图像，即农作物中哪些部位放射性磷较多，而且可以计算时间对农作物各部位吸收磷的数量多少的影响。例如，用 ^{32}P 研究水稻发现，不同生长期所吸收的磷，并非平均分配于植物各部位。在对光合作用的研究中，利用 ^{18}O 作为水组分的示踪素，发现在光合作用过程中，氧是从水中分解出来的，而不是像过去人们想象的那样来自二氧化碳。这时分解出来的氢和二氧化碳中的碳相结合，进一步生成碳水化合物。

迄今，全世界采用辐射诱变育种技术已育成新品种超过 2 000 个。自 20 世纪 80 年代以来，传统的 γ 射线辐照育种已逐渐被中子和离子束辐射育种所取代；辐射加工技术也被用于农产品的保存，如谷物杀虫和抑制发芽等技术；昆虫辐射不育防治技术是现代生物防治害虫的方法中唯一有可能灭绝害虫的有效手段，在防治农作物病虫害方面已开始发挥作用，产生了巨大的经济效益。

2.2.4　环境污染治理中的应用

核技术不仅在工业、农业、医学和鉴年考古等方面应用广泛，在环境科学及环境保护领域也得到了较快的发展，国内已开展了利用核技术对废气、废水和固体废物进行处理等的实验和中试研究等。另外，利用核技术进行环境样品元素的定性定量分析，具有高灵敏度、高准确度和精密度、高分辨率（包括空间分辨率和能量分辨率）、非破坏性和可进行多元素测定等众多常规非核技术无法替代的特点，已广泛应用于环境领域。在环境领域，常用的核分析技术有核素示踪技术、核素活化分析、辐射分解技术与同位素测量技术等。例如，放射性示踪方法广泛地应用于环境条件（环境中大气扩散行为的研究、^{3}H 在地层结构分析中的应用、地下水动力学研究和地面水位变化分析等）的研究。

1. 利用核辐射处理废气

在废气处理方面，主要是利用加速器产生的射线或带电粒子处理有害烟气。大气中 SO_2 与 NO_2 是主要污染气体，这些污染气体主要来自烟囱排放的烟气。常用的烟气脱硫脱硝技术主要有固相吸附与再生技术、湿法同时脱硫脱硝技术、吸收剂喷射法等，绝大多数技术都面临成本过高或装置复杂的困难，例如，以石灰喷雾法脱硫，用酸、碱吸收或催化还原法去除 NO_2 等。高能辐射化学法是一类新型烟气脱硫脱硝技术，主要分为电子束照射法（EBA）和脉冲电晕法（PPCP）两种，其中电子束照射法是目前发展较好的一种方法。应用电子束照射的方法，既可除去烟气中的 SO_2 与 NO_2，有助于净化大气，防止酸雨的形成，又可以得到硝酸胺和硫酸胺等用作肥料的副产品，还能降低运行难度和费用，而且由于在干燥条件下使用，几乎不产生二次废水。

20 世纪 90 年代，俄罗斯科学院西伯利亚分院的核物理研究所制造的加速器供应波兰和日本，用以净化烟雾。波兰的劣质煤在燃烧时产生大量有毒的硫和氮氧化物。由于烟雾被辐照时，所有氧化物都会变成固体沉淀物，可用作肥料。在日本，也已利用俄罗斯生产的加速器来净化垃圾焚烧时产生的烟雾，避免了烟雾对环境的污染。

2. 利用核辐射处理废水

水污染是当今全世界都非常关注的一个严重问题，随着生产活动的逐渐多样化，废水中的污染物质的组分也越来越复杂，对这些污染物的允许排放标准在趋于严格化。辐射技术就是一项有潜力的废水处理技术，展现出广泛的应用前景。一些放射性核素可以用于生活污水和工业废水的处理，且通常以放射源的形式被应用，如 ^{60}Co 源、^{137}Cs 源。其基本原理是水分子在核辐射作用下会生成一系列具有很强活性的辐解产物，如 OH、H、H_2O_2 等自由基。这些产物与废水中的有机物发生反应可以使它们分解或改性。

采用放射源辐射处理法可以显著消除城市污水中的 TOC（总有机碳）、BOD（生物需氧量）和 COD（化学需氧量），并灭活污水中的病原体。对于含有偶氮染料的废水，通过辐照可以使之完全脱色，TOC 去除率可达到 80%～90%，COD 去除率达到 65%～80%。在充氧条件下，用 γ 射线辐照含有木质素的废水，木质素很容易被降解。据研究报道，采用放射源也可以有效地处理洗涤剂、有机汞农药、增塑剂、亚硝胺类、氯酚类等有害有机物质。将放射源辐照技术与普通废水处理技术（如凝聚法、活性炭吸附法、臭氧活性污泥法等）联用，具有协同效应，可提高处理效果。在与活性炭吸附法联用时，在活性炭吸附有机物后，借助 γ 射线辐照，可使活性炭再生，实现循环利用。

苏联曾建成一座放射源辐照处理试验厂，用于抗生素工厂的废水处理，其废水日处理量达到 15 000 m^3，经处理的废水各项指标皆优于常规处理法。匈牙利、加拿大、日本等国都建有类似的试验工厂。世界工业发达国家在开发污泥辐射处理技术方面也取得了积极进展。其中，以德国慕尼黑的试验工厂建立最早，至今已成功运行了十几年，据报道，该厂废水日处理能力约为 150 m^3，处理费约 4. 4 欧元/m^3，经核辐射处理的污泥可作为肥料。

3. 利用核辐射处理废塑料

固体废物是指在生产建设、日常生活和其他活动中产生的污染环境的固态、半固态废弃物质。固体废物包括生活垃圾、工业固体废物、农业废物。我国固体废物的产生量逐渐增加，仅 2007 年我国工业固体废物产生量就达到了 17.6 亿 t。

在固体废物的处理处置中，废塑料由于其难以降解始终是一个棘手的问题。例如聚四氟乙烯（PTFE），由于无法用生化法降解，机械破碎困难，兼之在高温处理时产生大量有毒的氟化物，造成难以处置的局面。

日本曾利用γ射线辐照与加热联用的方法，再以机械破碎后，得到分子量不同的聚四氟乙烯蜡状粉末，这些粉末可作为优良的润滑剂和添加剂。氯化聚乙烯在使用时会放出百倍的氯乙烯，因而被某些国家禁止使用。但经一定剂量γ射线照射后，不再产生氯乙烯，从而扩大了使用面。

废塑料也可以采用核辐射方法诱发其降解，科学家在20世纪五六十年代就完成了辐射诱发塑料降解的早期研究。与橡胶类似，塑料大分子一般是因C—C键断裂而分解的，核辐射诱发降解可获得气态、液态和固态产物的小分子，这些小分子可用作一些物质合成的原材料。

不同用途的辐射源活度范围如图2-1所示。

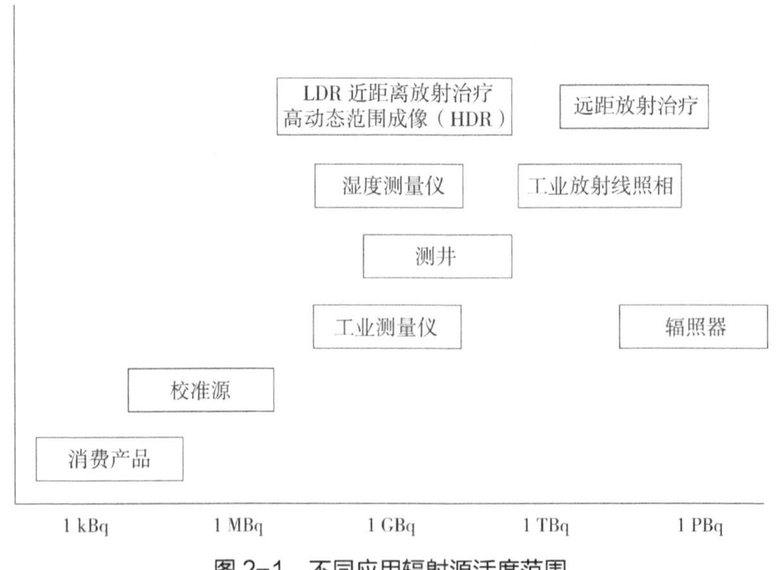

图2-1　不同应用辐射源活度范围

2.3 辐射源的安全与防护要求

根据国务院颁布的《放射性同位素与射线装置安全和防护条例》(2005年

8 月 31 日国务院第 104 次常务会议通过，自 2005 年 12 月 1 日起施行），为了加强辐射源防护，促进辐射源安全应用，保障公众和放射职业人员的身体健康，并保护环境，生产、销售和使用辐射源的单位在实践活动中应遵循以下辐射源防护与安全的基本要求：

（1）对直接从事生产、销售、使用活动的工作人员进行安全和防护知识教育培训并考核；考核不合格的，不得上岗。由注册核安全工程师担任辐射安全的关键岗位。

（2）严格按国家关于个人剂量监测和健康管理的规定，对直接从事生产、销售、使用活动的工作人员进行个人剂量监测和职业健康检查，并建立个人剂量档案和职业健康监护档案。

（3）对本单位辐射源的安全和防护状况进行年度评估；发现安全隐患时立即整改。

（4）在生产、销售、使用、贮存辐射源的场所设置明显的放射性标志，并在入口处设置安全和防护设施及必要的防护安全联锁、报警装置或工作信号；对射线装置的生产调试和使用场所采取防止误操作、防止工作人员和公众受到意外照射等安全措施；室外、野外使用辐射源时，划出安全防护区域，设置明显的放射性标志，必要时设专人警戒；野外进行放射性同位素示踪试验时，要经省级以上人民政府环境保护主管部门商同级有关部门批准方可进行。

（5）对放射性同位素的包装容器、含放射性同位素的设备和射线装置设置明显的放射性标识和中文警示说明；放射源上能够设置放射性标识时，要一并设置；对运输放射性同位素和含放射源的射线装置的工具设置明显的放射性标志或显示危险信号。

（6）单独存放放射性同位素，并指定专人负责保管；对放射性同位素贮存场所采取防火、防水、防盗、防丢失、防破坏、防射线泄漏的安全措施；贮存、领取、使用、归还放射性同位素时，进行登记、检查，做到账物相符；根据放射源潜在危害大小，建立相应的多层防护和安全措施，并对可移动的放射源定期进行盘存，确保其处于指定位置，具有可靠的安全保障。

（7）销售Ⅰ类、Ⅱ类、Ⅲ类放射源给其他单位使用时，与使用单位签订废旧放射源返回协议；使用单位按废旧放射源返回协议规定将废旧放射源交回生产单位或返回原出口方；确实无法交回生产单位或者返回原出口方的，送交有相应资质的放射性废物集中贮存单位贮存；使用单位将Ⅳ类、Ⅴ类废旧放射源进行包装整备后送交有相应资质的放射性废物集中贮存单位贮存。

（8）终止辐射源应用时，本单位事先要对放射性同位素和放射性废物进行清理登记，做出妥善处理，不得留有安全隐患；使用Ⅰ类、Ⅱ类、Ⅲ类放射源和生产放射性同位素的场所以及终结运行后产生放射性污染的射线装置，应依法实施退役。

（9）辐射防护器材、含放射性同位素的设备和射线装置以及含有放射性物质的产品和伴有产生X射线的电器产品，符合辐射防护要求。

此外，对于使用辐射源进行放射诊疗的医疗卫生机构，应制定与本单位从事的诊疗项目相适应的质量保证方案，遵守质量保证监测规范，按医疗照射正当化和辐射防护最优化的原则，避免一切不必要的照射，并事先告知患者和受检者辐射对健康的潜在影响；金属冶炼厂回收冶炼废旧金属时，应采取必要的监测措施，防止放射性物质融入产品；当监测中发现问题时，应及时通知所在地设区的市级以上人民政府环境保护主管部门。

2.4 核燃料循环

核燃料循环是指核燃料从获取到使用后的处理所经历的各个环节。不同的核反应堆在核燃料循环上可能有所不同，典型闭环式核燃料循环体系如图2-2所示。

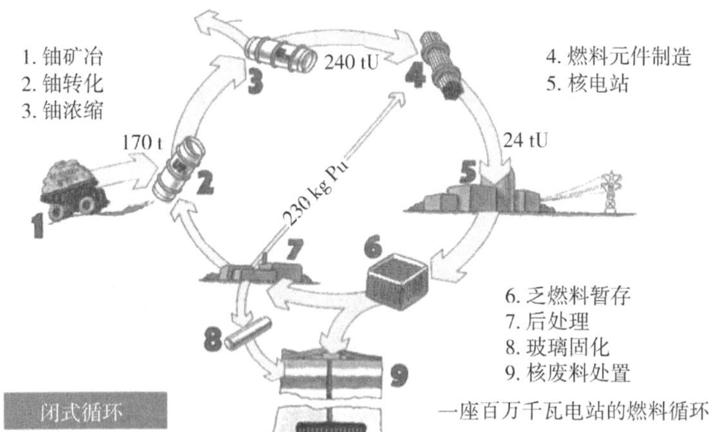

图 2-2　典型闭环式核燃料循环体系

这个体系包括的主要阶段有前端阶段、反应堆阶段和后端阶段（图 2-3）。

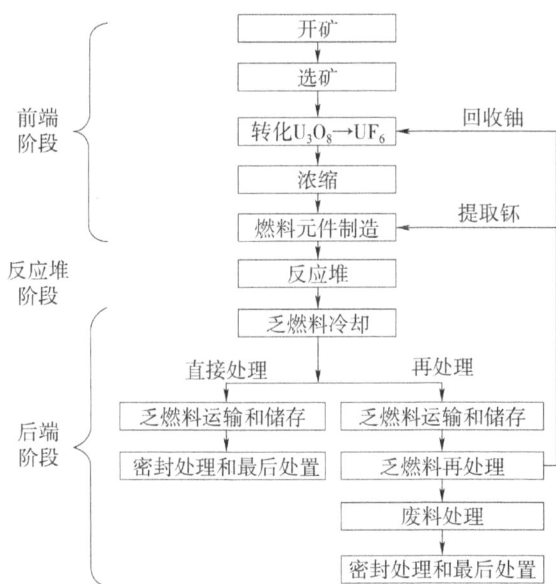

图 2-3　核燃料循环三个阶段

2.4.1　前端阶段

前端阶段是指核燃料在进入反应堆之前进行制备的阶段。包括铀矿冶、铀转化、铀浓缩和燃料元件制造等过程。核燃料循环从开采铀资源开始。开采出来的铀矿石经过精选，送到前处理厂制成八氧化三铀。压水堆核电站采用约含3%铀-235的低浓铀作为燃料，但是天然铀中铀-235含量只有0.720%。为了把天然铀中铀-235的含量提高到3%，需要进行铀同位素分离，即铀的浓缩。当前工业规模的铀浓缩厂以六氟化铀为供料，需要把前处理的产品八氧化三铀进行还原、氢氟化和氟化转变为六氟化铀，这就是铀的转化过程。在铀浓缩厂中，六氟化铀中的铀-235含量被浓缩至约3%。这样得到的六氟化铀须再经过一个转化过程变为二氧化铀，才能送至元件制造厂制成含铀-235约3%的低浓铀燃料元件。至此，完成核燃料循环的前端过程。

2.4.2 反应堆阶段

反应堆阶段是指核燃料在反应堆中进行裂变反应产生能量的过程。从燃料元件制造厂出来的燃料组件可能作为库存存放起来，设置库存的作用是保证燃料组件有足够的储备，以保障能够给反应堆及时提供足够的组件。

在反应堆中，燃料组件被装在待反应堆堆芯，进行裂变反应释放能量。能量通过冷却剂带出反应堆，用以产生蒸汽驱动汽轮机发电，或者产生动力等。由于裂变，核燃料中的一部分 ^{235}U 会被“烧掉”，部分 ^{238}U 也会因吸收裂变中子而生成 ^{239}Pu，部分Pu也会进行裂变反应。裂变除产生中子和放射性外，还生成了放射性很强的裂变产物和超铀元素，因此反应堆需要厚重的屏蔽物。

2.4.3 后端阶段

从压水堆卸出的乏燃料中，铀-235的含量仍有0.85%左右，高于天然铀，且每吨乏燃料中还含有约10 kg的钚，其中可作为核燃料的钚-239和钚-241约占7 kg。因此，如将这些易裂变核素分离出来，作为燃料而返回反应堆，既可节约天然铀，又可节约分离功。据估计，进行铀循环可以节约约 20%的天然铀，节约分离功约 4%；如果将铀和钚都循环使用，可节约天然铀约 40%，节约分离功约 15%。

为了进行铀和钚的循环，须分离乏燃料中的铀和钚，并通过净化将所含裂变产物的放射性水平降至人们可接受的水平，这就是核燃料后处理工厂的任务。刚从反应堆中卸出的乏燃料的放射性很强，需要在冷却水池中存放 3～5 年，使放射性大大衰减之后，才能送到后处理厂进行处理。这个存放步骤称为中间储存。从后处理厂得到的含铀-235 约 0.85%的铀产品（称作堆后铀），又须转化为六氟化铀，送至铀浓缩工厂，浓缩至含铀-235 约 3%，然后转化为二氧化铀，以便后续燃料元件的制作。从后处理厂得到的钚产品通常是二氧化钚，可储存起来以备将来利用；也可与二氧化铀一起制成混合氧化物燃料，返回压水堆使用，或作为快中子增殖堆的燃料。

从后处理厂出来的放射性废物均须进行妥善处理和处置，以确保在长期储存条件下也不转移到生物环境中。其中最重要的是集中了全部废物约 99%的放射性的高放废液的处理和处置。处理的方法是先将高放废液在不锈钢大罐中暂存一段时间，然后根据各国不同的要求，或将高放废液直接固化成硼硅酸盐形态的玻璃块，或先移除其中极长半衰期的 α 放射性核素（如钚-239，需要几十万年才能衰变到无害水平），再加以利用或单独处置，然后固化成玻璃块。固化块经包装后一般要求在地面长期储存库储存数十年，待其发热量衰减到较低水平时，再送至最终处置库，在地下深层永久埋藏起来。至此，完成核燃料循环的后端阶段。

除前面讲到的压水堆（轻水堆）的铀（钚）循环方式以外，还有快中子增殖堆（简称快堆）的铀-钚循环方式以及钍-铀循环方式等。

2.5 核武器及放射性武器

2.5.1 原子弹

核武器是指利用重原子核的链式裂变和（或）氢原子核的自持聚变反应，瞬时释放出巨大能量而产生爆炸，对目标实施大规模杀伤破坏的武器；利用铀、钚等重原子核的链式裂变反应，瞬时释放出巨大能量的核武器称为原子弹。原子弹设计的基本原理是使处于次临界状态的裂变装料瞬间达到超临界状态，并适时提供中子，从而触发链式裂变反应。也就是说，一颗原子弹要发生核爆炸，核装料必须大于临界质量，但是在平时，核装料又必须处于次临界状态，为此，原子弹发生核爆炸之前，核装料一般有两种存在方式：一种将核装料分成若干块；另一种使核装料处于低密度状态。与核装料对应的原子弹弹体也主要有“枪式”和“内爆式”两种基本结构，图 2-4 所示为这两种原子弹的基本结构。

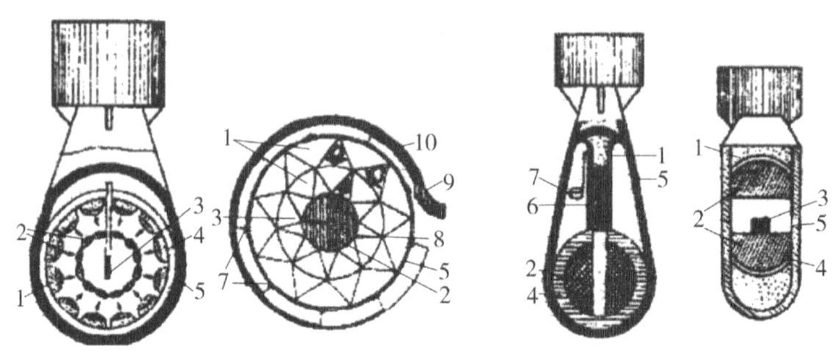

（a）“内爆式”原子弹　　　　（b）“枪式”原子弹

1—化学炸药；2—核装料；3—中子源；4—中子反射层；5—弹体外壳；
6—导槽；7—雷管；8—惰层；9—点火装置；10—雷管导火索。

图 2-4　原子弹基本结构示意

“枪式”原子弹的基本设计思路是将 2～3 块处于次临界状态的裂变装料，在化学炸药爆炸产生的高压力推动下，迅速合拢达到超临界状态，“枪式”原子弹的设计思路可以减小弹体直径，常用来制造核炮弹；“内爆式”原子弹的基本设计思路是用化学炸药爆炸产生的内聚冲击波（爆轰波）压缩处于次临界状态的裂变装料，使其密度急剧升高，达到超临界状态，“内爆式”原子弹具有裂变装料用料少、核反应较充分等优点，被广泛采用。

原子弹中发生核爆炸的主要链式反应式如下：

$$^{239}Pu（或\ ^{235}U）+n \rightarrow X+Y+3n+200\ MeV$$

反应式中，X、Y 表示裂变中产生的两个中等质量的核素。

2.5.2　氢弹

氢弹也称“热核武器”，是利用核裂变装置爆炸提供高温高压的反应条件，引发氘、氚等氢原子核发生聚变反应，从而瞬间释放巨大能量而制成的爆炸性武器，图 2-5 为氢弹基本结构。氢弹主要由初级系统和次级系统组成，初级系统是一个纯裂变装置，要求其体积小、质量轻，且爆炸后能够释放足够的能量，主要作用是引发次级系统发生热核反应，故初级系统常称为“扳机”。

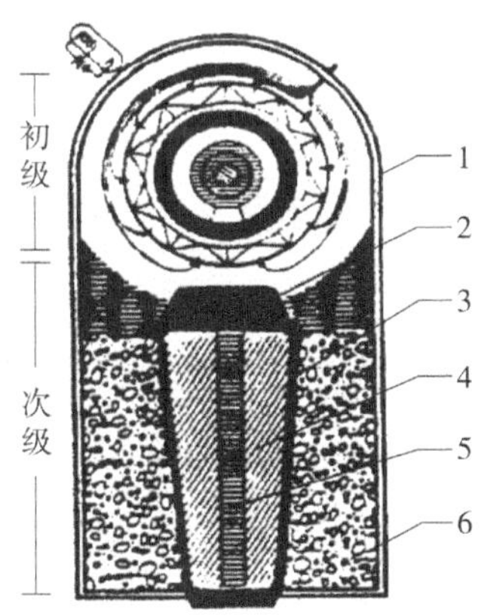

1—^{238}U 屏蔽壳；2—屏蔽体；3—惰层；4—聚变材料；5—火花塞；6—泡沫塑料。

图 2-5　氢弹基本结构示意

次级系统是一个与初级系统分开放置的含热核聚变材料的装置，一般由推进层/惰层、聚变燃料和裂变芯组成，它们的作用在于：一是在初级裂变能的推动下向里推进，并压缩聚变燃料；二是箍束聚变燃料，延缓其飞散；三是防止热量漏失；四是增大威力。氢弹的爆炸过程比较复杂，热核武器库中三相弹的核反应过程包含了如下 3 个反应机制：^{235}U 或 ^{239}Pu 裂变→氘氚聚变→^{238}U 裂变，如图 2-6 所示。第一阶段为裂变反应，主要作用是为裂变点火提供能量条件；第二阶段为聚变反应，在整个氢弹爆炸中起主导作用，反应过程实际是“氚-中子”的循环过程，循环次数增加，燃耗和放能增多；第三阶段为裂变反应，起中子增殖和增加威力的作用。

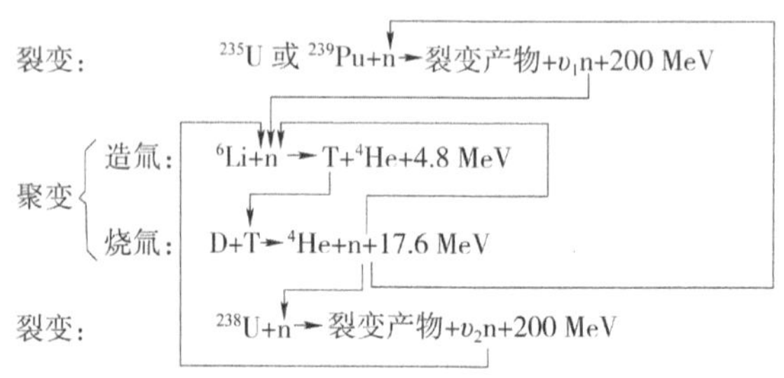

图 2-6　三相弹的核反应过程

2.5.3 中子弹

中子弹也称加强辐射弹，实际上是一种特殊的小型氢弹，相对减弱了冲击波和光辐射效应，利用聚变产生的大量高能中子作为主要杀伤因素。中子弹主要用于杀伤战场上的有生力量，爆炸当量较小，一般不超过 10 kt。相比原子弹，中子弹将原子弹中占总能量 85%的光冲效应能量降至 60%，而将 5%的早期核辐射效应提升到 40%，且放射性沾染十分有限。

中子弹在设计上采用了裂变-聚变二相弹原理，如图 2-7 所示，裂变扳机的装料为 ^{239}Pu，用于聚变反应的装料为纯氘氚混合物，在结构上采用 ^{9}Be 外壳，这样的设计一方面在弹体内减少了造氚过程，从而也减小了中子损耗；另一方面使裂变扳机的临界质量足够小，有利于战术武器小型化的同时，仍能引爆 D、T 发生聚变反应，聚变反应放出的绝大部分高能中子可以直接穿出弹壳。中子弹的这种二相弹设计原理，使中子弹核爆炸过程中的中子产额比相同当量的原子弹高 10 倍，达到了中子加强效应的目的。中子弹核爆炸主要反应如下：

引爆装置裂变反应：$^{239}Pu+n \rightarrow X+Y+^{3}n+200$ MeV

氘氚在高温下聚变反应：$D+T \rightarrow ^{4}He+n+17.4$ MeV

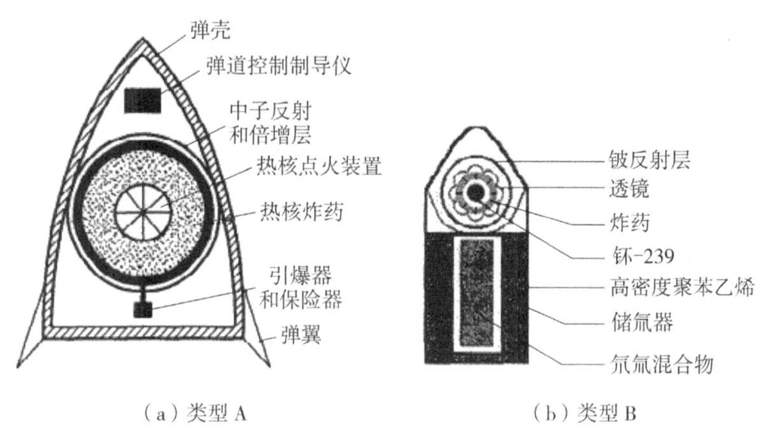

（a）类型 A　　（b）类型 B

图 2-7　中子弹结构示意

2.5.4　放射性武器

放射性武器也称放射性战剂，是指用非核爆炸的方式来散布放射性物质，利用其放射性衰变产生的核辐射作为杀伤因素的武器。

广义上讲，放射性武器包含两种主要类型（图 2-8）：放射性照射装置（RED）和放射性布散装置（RDD，俗称脏弹），最重要的是爆炸式脏弹。

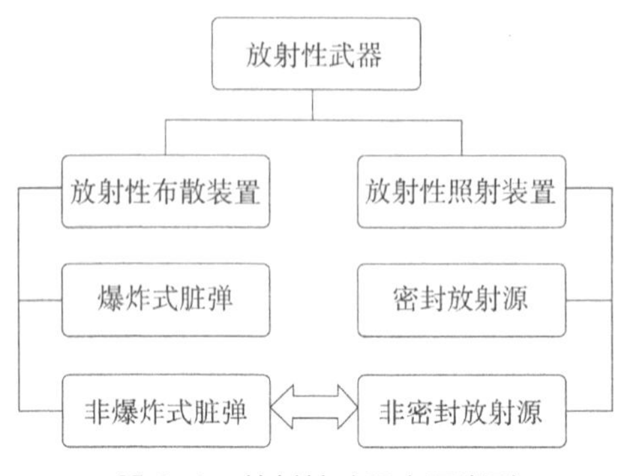

图 2-8　放射性武器主要类型

第二次世界大战结束不久，国外曾有人设想用放射性武器补充当时为数很少的核武器，1948 年，联合国常规军备委员会曾通过决议，把放射性武器列为大规模毁灭性武器之一。 1969 年，联合国大会讨论了控制和防止使用放射性武器问题，至今并未见到有国家军队装备或使用这种武器的报道。

2.5.4.1　脏弹

脏弹是一种大范围传播放射性物质的武器。脏弹与其他普通爆炸装置一样，结构简单、体积小、容易制造使用。与小型核武器相比，脏弹所具有的现实威胁其实更大。

脏弹引爆传统的爆炸物（如黄色炸药）等，通过巨大的爆炸力，将内含的放射性物质，主要是放射性颗粒，抛射散布到空气中，造成相当于核放射性的尘埃污染，形成灾难性生态破坏。脏弹爆炸后造成的损害大小，主要取决于爆炸装置的大小，放射性材料的含量、性质，爆炸时的天气情况。用脏弹袭击人口稠密的城市区域，接触者会在短时间内死亡、慢性中毒或患上癌症；遭袭击的城市、街区和建筑物都会受到放射性物质的污染，脏弹爆炸还可能引起人们的心理恐慌，导致混乱局面的出现，使地区经济遭到重创。

2.5.4.2　贫铀弹

贫铀（Depleted Uranium，DU）是从金属铀中提炼出核材料铀-235 以后得到的副产品，主要成分是放射性较弱的铀-238，故称贫化铀，简称贫铀。

贫铀弹则是以贫铀作为主要原料制成的炮弹和枪弹。

贫铀弹的作用原理跟普通穿甲弹基本相同，是利用贫铀合金的高硬度、高密度和高熔点，依靠动能来穿透坦克装甲、机场跑道、坚固建筑物等坚硬目标。贫铀弹除了具有良好的穿甲能力，还具有一定的放射性毒性和化学毒性，也可以对人员和环境造成一定破坏。

贫铀主要成分为 U-238，也含有少量 U-235 和 U-234（美国国防部制定的标准为 U-235 含量＜0.3%），因此，贫铀的辐射能仅是天然铀的 60%；贫铀放射性来源主要是 α 射线，对人员外照射十分有限；贫铀弹燃烧时，气溶胶化的氧化铀和贫铀微粒可以进入人体内部，形成严重的内照射和化学毒性；贫铀对人类健康的最大危害是造成肾功能衰竭。

美国是最早装备贫铀弹的国家。1990 年的“沙漠风暴”中贫铀弹首次得到实战使用，美军和英军发射了上百万枚贫铀弹，约有 320 t 贫铀遗留在战场；1999 年的科索沃战争中，贫铀弹再次被使用，以美国为首的北约共发射了约 31 000 枚贫铀弹，近 30 t 贫铀被遗留在科索沃战场。

2.6　核与辐射突发事件

根据《中华人民共和国突发事件应对法》（2007 年颁布），所谓突发事件，是指突然发生，造成或可能造成严重社会危害，需要采取应急处置措施予以应对的自然灾害、事故灾难、公共卫生事件和社会安全事件。核与辐射突发事件则是核突发事件与辐射突发事件的统称，指人为或自然灾害等原因致使核设施、核装置、核武器、核材料发生涉及反应堆的意外，放射性物质或其他辐射源发生辐射照射意外，造成或可能造成重大人员伤亡、财产损失、环境破坏和严重社会危害，以及危及公共安全的紧急事件。根据事件涉及源项及事件性质的不同，核与辐射突发事件可分为核事故、辐射事故及核与辐射恐怖事件。

2.6.1 核事故

所谓核事故，是指核设施内核燃料、放射性产物、放射性废物或者运入运出核设施的核材料发生的放射性、毒害性、爆炸性或者其他危害性事故，或者一系列事故。核事故主要包括核反应堆和核武器等各种核设施发生的事故。

2.6.1.1 核事故分级

IAEA 及国际经济合作与发展组织（OECD）依据核与辐射事件对场外的影响、对场内的影响以及纵深防御降级 3 个准则，制定了国际核与辐射事件分级表（表 2-2），列出了核与辐射事件各级别的说明、准则以及历史上发生的核与辐射事件实例。由表 2-2 可知，核与辐射事件分 8 级，较低级别的称为事件（1～3 级），较高级别的称为事故（4～7 级），0 级表示无核安全意义的事件，7 级则代表特大事故。

表 2-2 国际核与辐射事件分级

级别	说明	准则	实例
7	特大事故	放射性物质大量外泄，可能有严重的健康影响和环境后果	1986 年苏联切尔诺贝利事故 2011 年日本福岛核事故
6	重大事故	放射性物质明显外泄，可能需要全面实施当地应急计划	1957 苏联南乌拉尔核废料储存库事故
5	具有场外风险的事故	堆芯严重损坏，放射性物质有限外泄，实施当地应急计划	1957 年英国温茨凯尔事故 1979 年美国三哩岛事故 1999 年日本东海村临界事故 1987 年巴西戈亚尼亚辐射事故
4	没有明显场外风险的事故	放射性物质少量外泄，公众受到相当于规定限值的照射，一般不需要采取保护行动，堆芯部分损坏，对工作人员有急性健康影响	1980 年法国圣朗事故
3	重大事件	放射性物质极少量外泄，公众受到小部分规定限值的照射，无须采取保护行动，现场产生高辐射场或防污安全系统可能失去作用	1989 年西班牙范德路斯事故

续表

级别	说明	准则	实例
2	事件	无厂内外放射性影响，但可能出现重新评价安全效能的后果	
1	异常	安全系统偏离规定的功能范围	
0	偏离	安全上没有意义	

2.6.1.2　发生严重核事故的基本特征

根据对已经发生的一些核事故的深入分析，大型核设施（主要是核电厂）发生事故且有大量放射性物质向环境中释放时表现出某些特点，了解这些特点，是发生事故时实施应急救援的重要依据。一般说来，大型核设施发生严重核事故，多具有下述基本特征。

（1）核事故属于低概率事故。在半个多世纪的核电发展历程中，全世界仅发生过 2 次国际核事件分级标准（INES）7 级核事故。我国内地核电机组运行已达 300 堆年，核设施、核活动始终保持安全稳定状态，从未发生过 INES 2 级以上的事件和事故，对于新建核电厂则要满足更严格的概率安全要求，说明核工业发生严重核事故的概率是极小的。严重核事故发生的概率虽然很小，但是有针对性地、科学合理地开展核应急准备工作，是非常必要和重要的，甚至是影响核工业能否持续顺利发展的决定性因素。

（2）严重事故初因多样、过程复杂，但呈现结果趋于一致。历史上已经发生的严重核事故原因表明，导致核事故发生，并最终趋于严重的初始原因有很多，或因设备出现故障，或为人员决策或操作失误，或因设计固有缺陷，或因不可抗拒的自然灾害。且这些原因具有多样性、偶然性和共发性。从压水反应堆严重事故的发生序列上来看，总体上可分为堆内事故序列和堆外事故序列。堆内事故序列主要包括堆芯过热、锆水反应、包壳和燃料芯块熔化、堆芯熔融物流动和再分布、堆芯碎片床的形成和冷却、一回路系统内裂变产物释放、气溶胶形成与扩散、压力容器下封头内熔融池形成。堆外事故序列主要包括压力容器失效后熔融物在堆腔内的再分布、燃料冷却剂相互作用、熔融物与混凝土反应、蒸汽爆炸、氢气爆炸、安全壳失效及裂变产物释放、气溶胶的形成与扩散。总之，一旦因初因导致事故趋于严重，且没有采取很好的缓解措施，就可能发生压力容器完整性被破坏、化学爆炸、安全壳失效的情况，最终导致大量放射性物质释放到环境。

（3）事故发展迅速，全过程大体可分为 3 个阶段。根据事故的发展过程，为了制订应急计划及采取相应的防护措施可将核事故全程分为早期、中期和晚期 3 个相继的阶段，由于各阶段特点和主要辐射来源及照射途径不同，需采取的对策也不全相同。通常，事故早期指从有严重的放射性物质释放的先兆，即确认有可能使厂区外公众受照射时起，到释放开始后的最初几小时，此时面临的最大困难在于事先预计出的事故发展过程和气象条件的变化，以及源项不够清楚；事故中期指从放射性物质开始释放后的最初几小时到 1 d 或几天，此时从核设施可能释放的放射性物质大部分已进入大气，且主要部分已沉积于地面，除非释放出的仅是放射性惰性气体；事故晚期也称恢复期，可能持续较长时间，由事故后的几周到几年甚至更长，主要取决于释放特点和释放量，在此阶段也可能仍需采取措施进一步降低建筑物、地面和农田等的污染水平；还可能继续限制农业生产和在某些地区或建筑物内居住，以及限制食用来自某些污染区的食物等。

（4）放射性物质可能有多种释放方式和照射途径。核反应堆发生事故主要通过两种方式向环境释放放射性物质，即向大气环境的事故释放和向水环境的事故释放。其中，向大气环境的事故释放往往是其主要的释放方式。放射性核素向大气环境释放与其物理特性密切相关，而容易向大气释放的一般顺序是气态物质、挥发性物质和不挥发的固体。从事故应急的角度来看，主要关心的核素是组成分额相对较高、气态或易挥发、具有一定半衰期、对人体毒害作用较大的放射性核素。在事故早期主要是惰性气体和碘，在晚期主要是 ^{137}Cs 等长寿命裂变核素。对人员的照射方式有 γ 射线对全身的外照射，吸入或食入放射性核素对甲状腺、肺或其他组织器官的内照射，以及沉积于体表、衣服上的放射性核素对皮肤的照射。

2.6.1.3　核电厂严重核事故的危害特点

（1）影响范围广。在严重核事故发生后，由于释放出的放射性物质随大气扩散，会造成大范围的污染。在放射性物质释放过程中，由于其主要通过大气传播，加上风向、气候等因素的影响，往往难以控制。当放射性尘埃落定后，对岩石、水体、土壤、植被、生物等都会产生一系列不同程度的影响，而且还会通过生物链形成交叉辐射，影响范围广，后果复杂，难以彻底清除。例如，切尔诺贝利核事故后，由于持续 10 多天的释放及气象变化等因素，事故释放的放射性物质在大气中广泛扩散，最后沉降在地球表面，在整个北半球都可测到，大多数放射性物质沉降到切尔诺贝利周围地区。白俄罗斯、俄罗斯和乌克兰国内 ^{137}Cs 的放射性活度超过 185 kBq/m^2 的地区分别约为 16 500 km^2、4 600 km^2、8 100 km^2。

（2）波及人数多。据估算，在切尔诺贝利核事故撤离的人员中，约 10%的人员受照剂量超过 50 mSv，约 5%的人受照剂量超过 120 mSv。长期生活在污染区的公众，估算其总的待积剂量（1986—2056 年）平均为 80～160 mSv。除苏联外，位于北半球的国家，事故后第一年的最高平均剂量约 0.8 mSv。1986—1987 年参与事故救援的 20 万人中，人均受照剂量约 100 mSv，10%的人超过 250 mSv，不到 10%的人超过 500 mSv，数十名最初参与救援的人因受到致死剂量照射而死亡。事故还导致儿童甲状腺癌发病率增高，数千名儿童患甲状腺癌。在事故后进行的几项重要调查表明，切尔诺贝利核事故还导致了受影响人群出现恐惧、抑郁、焦虑、失望等心理健康紊乱症状。

（3）危害影响时间长。核事故危害影响时间较长，主要原因在于释放的某些放射性核素（如 ^{90}Sr、^{137}Cs、^{239}Pu 等）寿命长；同时，辐射的远期效应，特别是致癌和遗传效应，要进行数十年甚至终生观察才能做出科学评价。因而核反应堆严重事故的善后处理，非短时间内可结束，有时需几年、几十年甚至更长。切尔诺贝利核事故发生至今 30 多年，其周围 30 km 仍为控制区，无关人员不得入内。

（4）可造成严重的社会和心理影响。严重的核辐射不仅可能引起受照者近期的身体损伤，还可能具有远期效应，即可能引发癌症或对后代产生遗传影响。这正是影响公众心理的关键性因素，从而造成公众心理紊乱、焦虑、恐慌，继而引发不良的社会行为。其危害或许比辐射本身导致的直接后果更为严重。切尔诺贝利核事故发生后，因社会心理影响，半数以上人员有害怕心理，许多人出现精神、消化及泌尿等系统的紊乱，很多人出现了射线恐怖症；日本福岛核事故也造成我国出现“抢盐”风波。总之，核事故的社会心理效应，对正常的生产及生活秩序造成严重破坏。

（5）可造成重大经济损失。切尔诺贝利核事故所造成的损失，按事故期间的价格估计，高达 2 000 亿卢布；福岛核事故对日本国内经济的打击也十分严重。直接受到影响的是制造业，由于数座核电站发生核泄漏事件，造成东北部地区电力供应紧张，钢板生产企业，本田、丰田等汽车巨头，索尼等电子厂商均已不同程度地停产或限产，日本的保险、金融担保机构也面临巨大损失，其间接损失更难以估计；也严重影响日本农副产品的出口，福岛核事故造成放射性物质泄漏，使农产品受到污染，导致至少 25 个国家或地区全面或部分限制从日本进口农副产品；使日本的旅游业也受到较大冲击，出于对核辐射的担忧和恐惧，前往日本旅游的人数一度大幅减少。

2.6.2 辐射事故

辐射事故是指因放射源丢失、被盗、失控或因放射性同位素和射线装置的设备故障或操作失误导致人员受到异常照射的意外事件，主要包括核技术利用，放射性物品运输，以及放射性废物处理、贮存和处置等设施或活动中放射源丢失、被盗、失控，或放射性物质和射线装置失控导致人员受到意外的异常照射，或造成环境放射性污染的事件，涉及各类放射源生产、放射源使用与贮存、放射性物料运输、医疗照射、放废物处置处理、放射性废物暂存或存储以及核动力卫星返回等过程中发生的事故。

根据辐射事故的性质、严重程度、可控性和影响范围等因素，从重到轻，我国将辐射事故分为特别重大辐射事故、重大辐射事故、较大辐射事故和一般辐射事故 4 个等级。其中特别重大辐射事故是指 Ⅰ 类、Ⅱ 类放射源丢失、被盗、失控造成大范围严重辐射污染后果，或者放射性同位素和射线装置失控导致 3 人以上（含 3 人）急性死亡；重大辐射事故是指 Ⅰ 类、Ⅱ 类放射源丢失、被盗、失控，或者放射性同位素和射线装置失控导致 2 人以下（含 2 人）急性死亡或者 10 人以上（含 10 人）急性重度放射病、局部器官残疾；较大辐射事故是指Ⅲ类放射源丢失、被盗、失控，或者放射性同位素和射线装置失控导致 9 人以下（含 9 人）患急性重度放射病、局部器官残疾；一般辐射事故则是指Ⅳ类、Ⅴ类放射源丢失、被盗、失控，或者放射性同位素和射线装置失控导致人员受到超过年剂量限值的照射，这里所说剂量限值是指正常情况下，人们在核与辐射实践活动中使个人所受有效剂量或当量剂量不得超过的值，该值由国家主管部门规定，任何单位和个人必须遵守。

2.6.3　核与辐射恐怖事件

恐怖活动是威胁国家安全的一种形式。伴随人类对核能与辐射技术的开发和利用，核与辐射恐怖事件也已成为威胁当今社会安全的重要因素，且数量呈上升趋势。

核与辐射恐怖事件是指恐怖组织或个人通过威慑（恐吓）使用或实际使用能释放放射性物质的装置（包括粗糙核爆装置），或通过威慑（恐吓）袭击或实际袭击核设施（包括重大的放射源辐照设施）、核活动，引起放射性物质释放，导致显著数量人群的心理影响、社会影响或一定数量的人员伤亡，从而造成破坏国家公务、民众生活、社会安定与经济发展等的恐怖事件。

由于放射性物质的特殊危害性，核与辐射恐怖事件的发生往往会在公众中产生极大的恐慌，给社会政治和经济带来巨大影响。

目前，可能造成严重危害后果的核与辐射恐怖事件主要形式有三种：一是直接散布放射性物质或使用放射性散布装置，将容易扩散的放射性物质直接散布到水源、空气或食物中，或利用常规炸药与放射性物质结合构成爆炸装置（也称脏弹）并引爆脏弹将放射性物质广泛散开：二是攻击破坏核设施或核活动，恐怖分子通过攻击商用反应堆、研究堆、乏燃料池、放废库或放射性物料运输等包含大量放射性物质的核设施或核活动，造成放射性物质的环境释放；三是引爆粗糙核装置，目前尽管恐怖分子获得核武器的可能性很小，但是可通过引爆自制的低威力粗糙核爆装置，不仅造成人员核辐射伤害及环境大范围放射性污染，还会导致现场人员遭受严重的冲击波伤害。

与核事故、辐射事故相比，核与辐射恐怖事件具有防范难度大、实施手段多样及危害后果复杂等特点。

思考练习题

1. 天然辐射来源主要有哪些？对人体年剂量贡献最大的天然辐射来自哪里？

2. 人工辐射来源主要有哪些？在正常条件下，对人体年剂量贡献最大的天然辐射来自哪里？

3. 按射线类型，放射源可分为哪几类？

4. 核技术在医学中的主要应用有哪些？

5. 核技术在工业中的主要应用有哪些？

6. 核技术在农业中的主要应用有哪些？

7. 核燃料循环可分为哪几个阶段？

8. 什么是核武器？什么是氢弹？什么是中子弹？

9. 什么是放射性武器？

第 3 章　常用辐射量及单位

3.1　描述辐射场的量

3.1.1　注量

电离辐射粒子都是高速运动的粒子，并且是在传输过程中与物质发生相互作用的，为了研究电离辐射与物质的相互作用程度，需要确定穿过单位面积的粒子数目。如果辐射场由单向运动的粒子构成，在指定点取一个垂直于射线方向的面积元 $\mathrm{d}a_{\perp}$ 。设入射到面积元 $\mathrm{d}a_{\perp}$ 上的粒子数为 $\mathrm{d}N$ ，则可用 $\mathrm{d}N/\mathrm{d}a_{\perp}$ 来表征辐射场中穿行的辐射粒子疏密程度，并称为单向辐射场中的粒子注量，用 $\boldsymbol{\Phi}_{\mathrm{u}}$ 表示，于是

$$\boldsymbol{\Phi}_{\mathrm{u}} = \mathrm{d}N/\mathrm{d}a_{\perp} \tag{3-1}$$

如果选取的面积元 $\mathrm{d}a_{\perp}$ 与射线方向不垂直，其法线方向与射线间的夹角为 θ，则有 $\mathrm{d}a_{\perp} = \mathrm{d}a\cos\theta$（图 3-1）。对相同的辐射场，$\mathrm{d}N/\mathrm{d}a_{\perp}$ 将随 $|\cos\theta|$ 而变化，因此，保持 $\mathrm{d}a_{\perp}$ 与射线垂直才能客观地描述单向辐射场中射线的疏密程度。

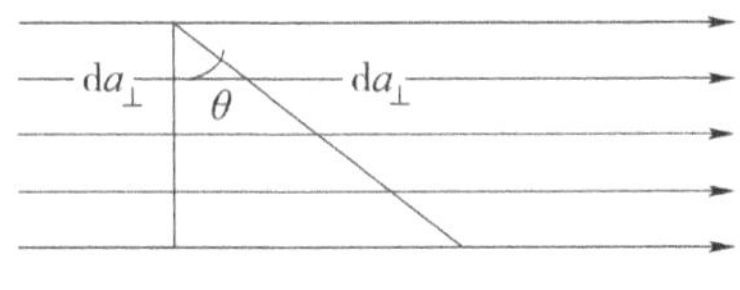

图 3-1　面积元 d***a*** 取向示意

设辐射场中某一区域包含沿不同方向穿行的辐射粒子，为了确定该区域某一点 P 附近的射线疏密程度，以 P 点为中心画一个小圆，其面积为 $\mathrm{d}a$，

保持 da 的圆心在 P 点不变，而改变 da 的取向，以正面迎接从各方向射来并垂直穿过面积元 da 的粒子数 $\mathrm{d}N_i$ 。da 在改变取向的过程中即扫描出一个以 P 点为球心，以 da 为截面的回转球（图 3-2），将 $\mathrm{d}N_i$ 求和，$\mathrm{d}N=\sum_i \mathrm{d}N_i$ ，并除以 da，所得的商即代表一般辐射场中指定点的粒子注量，简称为注量。粒子注量（particle fluence）$\boldsymbol{\Phi}$ 是 dN 除以 da 的商，即有

$$\boldsymbol{\Phi}=\mathrm{d}N/\mathrm{d}a \qquad (3\text{-}2)$$

式中，dN 为进入截面积为 da 的小球中的粒子数。注量 $\boldsymbol{\Phi}$ 的单位是 m^{-2}。

对于平行的辐射场，式（3-1）和式（3-2）的定义相同。

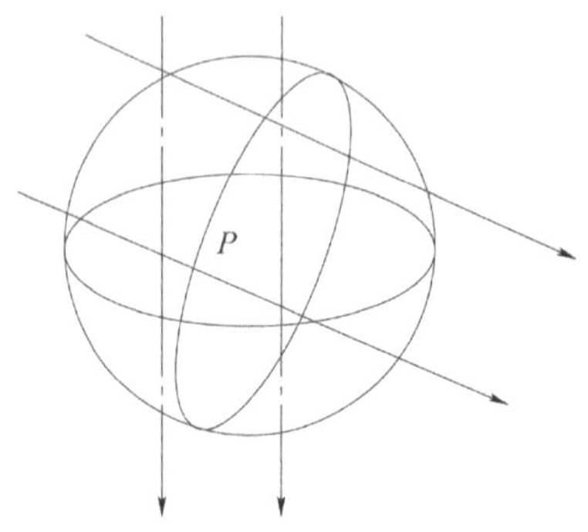

图 3-2　注量的确定

3.1.2　能量注量

与粒子注量 $\boldsymbol{\Phi}$ 对应的是能量注量（energy fluence）$\boldsymbol{\Psi}$，它是 dR 除以 da 的商。

$$\boldsymbol{\Psi}=\mathrm{d}R/\mathrm{d}a \qquad (3\text{-}3)$$

式中，dR 为进入截面积为 da 的小球中的辐射能。能量注量 $\boldsymbol{\Psi}$ 的单位是 $\mathrm{J/m^2}$。

单向辐射场中的能量注量 $\boldsymbol{\Psi}_{\mathrm{u}}$ 可表示为

$$\boldsymbol{\Psi}_{\mathrm{u}}=\mathrm{d}R/\mathrm{d}a_{\perp} \qquad (3\text{-}4)$$

3.2　基本剂量学量

3.2.1　吸收剂量

3.2.1.1　吸收剂量 D

吸收剂量 D 表示单位质量物质吸收电离辐射能量大小的物理量，其定义式为

$$D=\frac{\mathrm{d}E}{\mathrm{d}m} \tag{3-5}$$

式中，dE 为电离辐射授予某一物质质量为 dm 体积元的平均能量，国际单位：焦耳/千克（J/kg），专有名称：戈瑞（Gy），简称戈。

1 戈（Gy）=1 焦耳/千克（J/kg），1 戈（Gy）=10^2 厘戈（cGy）=10^3 毫戈（mGy）=10^6 微戈（μGy）。

国外一些核辐射监测仪器也会用到单位：拉德（rad），1 Gy=100 rad。

在辐射防护中，吸收剂量是一个重要的辐射量，适用任何类型电离辐射、任何介质、内照射和外照射。吸收剂量是就某一点而言，因此，使用时应指明介质种类和所处位置。

3.2.1.2　吸收剂量率 $\dot{D}$

吸收剂量率 $\dot{D}$ 表示单位时间内的吸收剂量，定义式为

$$\dot{D}=\frac{\mathrm{d}D}{\mathrm{d}t} \tag{3-6}$$

式中，dD 为某一时间间隔 dt 吸收剂量的增量，其单位为焦耳/千克·秒[J/（kg·s）]，单位专名为戈瑞/秒（Gy/s）。在辐射防护监测中，常用微戈瑞/小时（μGy/h）或厘戈瑞/小时（cGy/h）作为剂量率单位。

3.2.2 比释动能

3.2.2.1 比释动能 *K*

比释动能 K 是指不带电的电离辐射（如 X、γ 光子和中子）与物质作用时，在单位质量物质中释放出的全部带电粒子初始动能的总和，其定义为

$$K = \frac{\mathrm{d}E_{\mathrm{tr}}}{\mathrm{d}m} \tag{3-7}$$

式中，$\mathrm{d}E_{\mathrm{tr}}$ 为不带电电离辐射在某一体积元 dm 质量物质中，释放出的全部带粒子初始动能的总和，其专用单位与吸收剂量相同。

例如，γ 射线在空气中某点的比释动能为 1 Gy，则表示 γ 射线与空气相互作用时，在 1 kg 空气释放出的全部次级电子的初始动能总和为 1 焦耳。

3.2.2.2 比释动能率 $\dot{K}$

比释动能率 $\dot{K}$ 表示单位时间内的比释动能，严格定义为

$$\dot{K} = \frac{\mathrm{d}K}{\mathrm{d}t} \tag{3-8}$$

式中，dK 为某一时间间隔 dt 内比释动能的增量，比释动能率专用单位与吸收剂量率相同。

比释动能（或比释动能率）主要用于 γ 射线、中子辐射场的测量，是描述传递给单位质量物质中带电粒子的初始动能大小的物理量，但这部分能量未必全部损失在作用点附近。只有在带电粒子平衡条件下，作用点附近的比释动能（率）才与该点的吸收剂量（率）近似相等，即存在 $K \approx D$（或 $\dot{K} \approx \dot{D}$）的情况。

3.2.2.3 电子平衡的概念

带电粒子平衡是指每有一个带电粒子从所考虑的体积中出来，就有一个相同类型、相同能量的带电粒子从外面进入其中，如图 3-3 所示，要求一一对应，即不但要求进、出的带电粒子总能量相等，而且要求其谱分布相同，

满足这种状态称为带电粒子平衡。如果考察的带电粒子都是电子，则称为电子平衡。

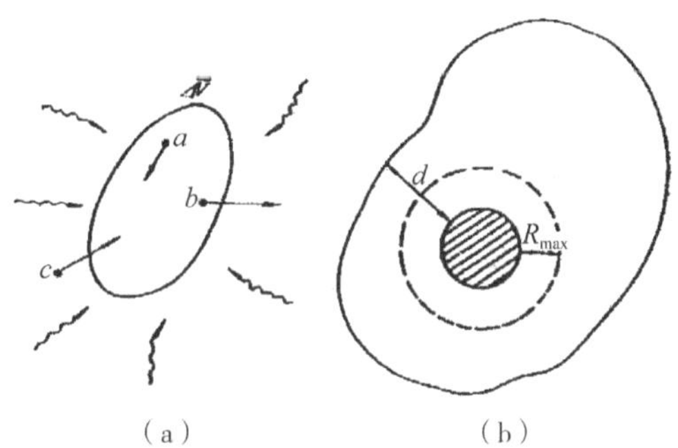

图 3–3　带电粒子平衡条件示意

在介质中，为了达到带电粒子平衡状况，必须要满足的条件，叫作带电粒子平衡条件，其主要包括以下几种：

（1）带电粒子进入介质离介质边界要有一定的距离，其最短距离必须不小于次级带电粒子在介质中的最大射程，如图 3–3（b）所示。

（2）满足均匀的照射条件，即考虑体积内（图中阴影部分）的边界等于次级带电粒子最大射程的体积内，辐射的注量率（粒子数/厘米 ^{2} · 秒）处处相等。

（3）要求介质均匀，即在该体积内的带电粒子减速过程完全相同。由此可知，在满足带电粒子平衡条件下，通过测量电离辐射在某点的比释动能，可以测量该点的吸收剂量。

3.2.3　照射量

3.2.3.1　照射量 *X*

照射量是衡量光子（X 射线或 γ 射线）在单位质量空气中电离能力的物理量，当光子通过质量为 d*m* 的某一空气体积元，在其中发生作用产生电子，并且当这些电子完全被阻止在空气中时，在空气中产生的一种符号

离子的电荷量的多少，反映着光子对空气的电离能力。照射量 X 可用公式表示为

$$X = \frac{\mathrm{d}Q}{\mathrm{d}m} \quad (3\text{-}9)$$

式中，$\mathrm{d}Q$ 为在空气中形成的某一种符号离子电荷量总和；$\mathrm{d}m$ 为某一体积元内空气质量，照射量 SI 单位为库仑/千克（C/kg），过去还曾使用专用单位伦琴，简化为伦，记作 R。

1 伦琴=2.58×10^{-4} 库伦/千克；

1 伦=10^3 毫伦=10^6 微伦。

由照射量的定义，由于光子在空气中平均电离功为 33.85 eV/离子对，可以推导出，光子的空气比释动能和照射量之间的关系。例如，γ 射线作用于空气，产生一对离子所消耗的平均能量 W=33.85 eV，由于一个电子的电荷量 e=1.6×10^{-19} C，1 eV=1.6×10^{-19} J。由此得到 1 伦琴对应空气比释动能 K_a 之间的关系如下：

1 R=2.58×10^{-4}（C/kg）/1.6×10^{-19}（C）×33.85（eV/离子对）

=5.45×10^{10} MeV/kg

=8.73×10^{-3} J/kg（Gy）

所以，

$$K_a=8.73\times10^{-3}X$$

这里，K_a 即为空气的比释动能，X 为以伦琴为单位的照射量。由此可见，照射量实际上是 γ 射线在单位质量空气中比释动能的电离当量。

当光子能量不大于 1.5 MeV 时，通常可以将以伦琴为单位的照射量乘以 0.876 转换为以厘戈瑞（cGy）为单位的空气比释动能。

3.2.3.2 照射量率 $\dot{X}$

照射量率表示单位时间照射量的增量，定义为

$$\dot{X} = \frac{\mathrm{d}x}{\mathrm{d}t} \quad (3\text{-}10)$$

式中，dX 为某一时间间隔 dt 内照射量的增量，其单位为库仑/千克・秒［C/（kg・s)］，过去还曾使用专用单位伦/小时（R/h）、毫伦/小时（mR/h）。

3.2.3.3　γ 辐射点源照射量率公式

如果 γ 辐射场内某点与辐射源的距离，比辐射源本身最大几何线度大 5 倍以上时，可把该辐射源看作点状源，这样一个放射性活度为 A 的 γ 辐射点源，在距它 r 处造成的照射率由式（3-11）给出：

$$\dot{X}=\frac{A\cdot\Gamma}{r^2} \tag{3-11}$$

式中，Γ 为放射性核素的照射率常数，表 3-1 列出某些常用放射性核素的 Γ 值。如果式（3-11）中，距离 r 的单位是 m，放射性核素活度 A 的单位是 Bq，照射率常数 Γ 单位则为 C・m^2/kg，照射量率 $\dot{X}$ 单位为 C/（kg・s)；若距离 r 的单位是 m，放射性核素活度 A 的单位是 Ci，照射率常数 Γ 单位则为 R・m^2/（h・Ci)，相应地，照射量率 $\dot{X}$ 单位为 R/h。

表 3-1　几种常用核素的照射量率常数

放射性核素	照射量率常数		放射性核素	照射量率常数	
	国际制单位	专用单位		国际制单位	专用单位
	$\times 10^{-18}$C・m^2/（kg・Bq・s）	R・kg^2/（h・g）		$\times 10^{-18}$C・m^2/（kg・Bq・s）	R・kg^2/（h・g）
^{24}Na	3.56	1.87	^{64}Cu	0.232	0.12
^{42}K	0.27	0.14	^{65}Ni	～0.600	～0.31
^{52}Mn	3.60	1.85	^{63}Zn	0.523	0.30
^{51}Cr	0.03	0.016	^{124}Sb	0.465	0.24
^{54}Mn	0.910	0.47	^{132}I	0.426	0.223
^{56}Mn	1.61	0.83	^{134}Cs	1.69	0.87
^{59}Fe	1.24	0.68	^{137}Cs	0.639	0.34
^{57}Co	0.194	0.09	^{152}Eu	1.12	0.58
^{58}Co	1.07	0.54	^{192}Ir	0.930	0.48
			^{198}Au	0.446	0.232
^{60}Co	2.56	1.32	^{226}Ra	1.60	0.825*

注：*R_a 和它的子体达到平衡并置于 0.5 mm 厚的铂管内。

［例 3-1］一个钴-60γ 辐射点源活度为 9.25×10^{12} Bq，求距该源 2 m 处的照射量率。

解：由表 3-1 可知，钴-60 的照射量率常数 $\Gamma=2.56\times10^{-18}$ C · m^2/kg

r=2 m，A=9.25×10^{12} Bq，则

$$\dot{X}=\frac{A}{r^2}\Gamma=\frac{9.25\times10^{12}\times2.56\times10^{-18}}{2^2}=5.92\times10^{-6}[\mathrm{C/(kg\cdot s)}]=82.6(\mathrm{R/h})$$

在核辐射监测照射率仪刻度、校正时，经常使用 r 点源计算公式，一般地，在距离 r =1 m 处给出的照射量率 $\dot{X}$ 值比较准确。

3.2.4 剂量当量

实践证明，对于某一生物体来说，吸收剂量 D 相同，其辐射损伤程度并不完全相同，它与辐射类型和其他条件有关，为了统一表示各种射线对机体的危害程度，引入剂量当量的概念。

3.2.4.1 剂量当量 *H*

剂量当量 H 定义为在组织内所关心的一点上的 D、Q 和 N 的乘积，用公式表示如下：

$$H=DQN \tag{3-12}$$

式中，H 表示剂量当量，其单位焦耳/千克（J/kg）的专名为希沃特，简称希沃（记作 Sv）；D 为吸收剂量（戈）；N 为其他修正因素的乘积，它反映了吸收剂量的不均匀空间与时间分布等因素，当前 N 值取 1；Q 为品质因数，国际辐射防护委员会（ICRP）建议（26 号报告），对于外照射和内照射情况，初级辐射类型选用的 Q 值列于表 3-2。

1 Sv=1 J/kg；

1 Sv=10^3 mSv=10^6 μSv；

专用单位为雷姆（rem），1 rem =0.01 Sv。

应该指出，引入剂量当量用来描述人体所受各种电离辐射的危害程度，可以表达不同能量和类型射线照射下，引起生物效应方面的差异。在计算剂量当量时，必须指明射线种类、能量和受照条件。表 3-2 的 Q 值只限于辐射防护规定的个人剂量量限值范围内使用，它不适用大剂量和高剂量率下的急性照射。

3.2.4.2　剂量当量率 $\dot{H}$

剂量当量率 $\dot{H}$ 定义为单位时间内剂量当量，即

$$\dot{H} = \frac{\mathrm{d}H}{\mathrm{d}t} \tag{3-13}$$

式中，$\dot{H}$ 为剂量当量率，其单位为焦耳/（千克·秒）[J/（kg·s)]，单位的专名为希沃/秒（Sv/s），也可用希沃/小时（Sv/h）、毫希沃/小时（mSv/h）等表示。

表 3-2　按照初级辐射类型选用的 Q

X、γ 和电子	1
能量未知的中子、质子和静止质量大于 1 个原子质量单位的单电荷粒子	10
能量未知的 α 粒子和多电荷粒子（以及电荷数未知的粒子）	20

［例 3-2］甲、乙两人在从事放射源操作工作中甲受到 γ 射线外照射 D_γ 为 10 mGy、中子外照射 D_n 为 3 mGy；乙受到 γ 射线照射 D_γ 为 20 mGy。试问甲、乙两人谁受到的损伤大些？

解：查表 3-2 知 Q_γ=1，Q_n=10，则

$H_{甲}=D_\gamma \cdot Q_\gamma \cdot N_\gamma + D_n \cdot Q_n \cdot N_n$

$=10\times1\times1+3\times10\times1$

$=40$（mSv）

$H_{乙}=D_\gamma \cdot Q_\gamma \cdot N_\gamma$

$=20\times1\times1$

$=20$（mSv）

由计算可知，显然甲受损伤程度要比乙大。

3.2.5 剂量学量之间的关系

3.2.5.1 比释动能与吸收剂量的关系

在带电粒子平衡条件下，不带电粒子在某一体积元的物质中，转移给带电粒子的平均能量 $\mathrm{d}\bar{\varepsilon}_{\mathrm{tr}}$，就等于该体积元物质吸收的平均能量 $\mathrm{d}\bar{\varepsilon}$，若该体积元物质的质量为 $\mathrm{d}m$，则有

$$K=\frac{\mathrm{d}\bar{\varepsilon}_{\mathrm{tr}}}{\mathrm{d}m}=\frac{\mathrm{d}\bar{\varepsilon}}{\mathrm{d}m}=D \tag{3-14}$$

应指出，除满足带电粒子平衡条件外，要使式（3-14）成立的另一条件是带电粒子产生的韧致辐射效应可以忽略，在这样的前提下，可以认为比释动能与吸收剂量在数值上相等，但这也只限于低能 X 射线或 γ 射线；对于高能 X 射线或 γ 射线来说，由于在物质中产生的次级电子会有一部分能量因韧致辐射而离开所关心的那个体积元，使得 $K\neq D$，此时的表达式为

$$D=\frac{\mathrm{d}\bar{\varepsilon}}{\mathrm{d}m}=\frac{\mathrm{d}\bar{\varepsilon}_{\mathrm{tr}}}{\mathrm{d}m}(1-g)=K(1-g) \tag{3-15}$$

式中，g 为次级电子损失于韧致辐射的能量份额。

高能电子在高原子序数的物质内，g 值比较大，在低原子序数物质内，g 值一般比较小，通常可忽略，这样可近似地认为吸收剂量等于比释动能，即有 $D=K$。

对于中子，当能量低于 30 MeV 时，D 与 K 的数值差别完全可以忽略，因此计算出中子比释动能值，就可当作同种物质的吸收剂量值。

3.2.5.2 照射量与吸收剂量的关系

在带电粒子平衡的条件下，单能 X 射线或 γ 射线在某物质中吸收剂量 D 和能量注量 $\varPsi$ 的关系为

$$D=\varPsi(\mu_{\mathrm{en}}/\rho) \tag{3-16}$$

式中，μ_{en}/ρ 为单能 X 射线或 γ 射线对某物质的质量能量吸收系数，单位是 m^2/kg。

式（3-16）是计算单能 X 射线或 γ 射线吸收剂量的基本公式，可知，当能量注量 Ψ 确定不变时，吸收剂量 D 与物质质量能量吸收系数 μ_{en}/ρ 成正比，故有

$$D_1/D_2=(\mu_{en}/\rho)_1/(\mu_{en}/\rho)_2 \tag{3-17}$$

式（3-17）中的下标 1 和 2 分别相当于两种物质。

因此，只要知道在一种物质中的吸收剂量，就可以用式（3-3）求出在带电粒子平衡条件下另一种物质中的吸收剂量。

对于单能 X 射线或 γ 射线，空气中某点的照射量与同一点处的能量注量有如下关系：

$$X=\Psi\cdot(\mu_{en}/\rho)_a\cdot(e/W_a) \tag{3-18}$$

所以，在带电粒子平衡条件下，空气中照射量和吸收剂量的关系为

$$D_a=(W_a/e)\cdot X \tag{3-19}$$

式中，D_a 为在空气中同一点处的吸收剂量。

将式（3-19）代入式（3-17），可以得到

$$D_m=\frac{(\mu_{en}/\rho)_m}{(\mu_{en}/\rho)_a}\cdot\frac{W_a}{e}\cdot X=33.85\frac{(\mu_{en}/\rho)_m}{(\mu_{en}/\rho)_a}\cdot X=f_m\cdot X \tag{3-20}$$

式中，D_m 是处于空气中同一点处某物质中的吸收剂量（Gy），X 是照射量（C/kg），W_a、e 的意义与数值同前，并令 $f_m=33.85(\mu_{en}/\rho)_m/(\mu_{en}/\rho)_a$，定义其为由以 C/kg 为单位的照射量换算到以 Gy 为单位的吸收剂量之间的换算因子，其单位是 J/C。表 3-3 列出了不同能量的光子，在水、软组织、肌肉和骨骼中相应的 f_m 数值。

如果所考察的物质是空气，则式（3-20）中的 $(\mu_{en}/\rho)_m/(\mu_{en}/\rho)_a$ 可表示为

$$(\mu_{en}/\rho)_m/(\mu_{en}/\rho)_a=(\mu_{en}/\rho)_a/(\mu_{en}/\rho)_a=1 \tag{3-21}$$

于是，$D_a=33.85\cdot X$，这就是式（3-19）所示的空气中照射量和吸收剂量的关系。

表 3-3 不同光子能量下的某些物质中的 f_m 值

光子能量/MeV	f_m /（J/C）			
	水	软组织	肌肉	骨
0.01	35.31	32.56	35.70	131.11
0.015	34.88	32.13	35.70	149.22
0.02	34.57	31.82	35.62	157.75
0.03	34.26	31.67	35.58	164.34
0.04	34.38	32.05	35.74	156.20
0.05	34.88	32.91	36.01	136.43
0.06	35.50	33.99	36.32	112.40
0.08	36.51	35.58	36.78	75.19
0.1	37.05	36.43	37.05	56.20
0.15	37.48	37.05	37.21	41.09
0.2	37.56	37.17	37.25	37.91
0.3	37.60	37.25	37.29	36.47
0.4	37.64	37.25	37.29	36.16
0.5	37.64	37.29	37.29	36.05
0.6	37.64	37.29	37.29	35.97
0.8	37.64	37.29	37.29	35.93
1	37.64	37.29	37.29	35.93
1.5	37.64	37.29	37.29	35.93
2	37.64	37.25	37.29	35.93
3	37.52	37.13	37.17	36.09
4	37.40	37.02	37.05	36.32
5	37.44	36.86	36.90	36.51
6	37.13	36.71	36.74	36.71
8	36.86	36.43	36.47	37.09
10	36.63	36.16	36.24	37.40

需要再次强调，只有当忽略韧致辐射和次级过程中产生的带电粒子，且满足电子平衡条件时，照射量与吸收剂量在数值上才有上述的关系。

3.2.5.3　照射量、比释动能与吸收剂量的数值近似关系

由表 3-3 可知，在 0.01～10 MeV 能量范围内，水和肌肉组织的 f_m 值分别波动于 34.26～37.64 和 35.58～37.29，与此相应，以 R 为单位的照射量与以 rad 为单位的吸收剂量之比 X / D_m 分别为 1.13～1.03 和 1.09～1.04，见表 3-4。而对于空气 X / D_a 始终为 1.15，因此，如果小于 15%的数值差异可予忽略，那么在电子平衡或准平衡条件下，可以用以 R 为单位的照射量值，近似地看作以 rad 为单位的空气、水和肌肉的吸收剂量值。同时，由表 3-3 可知，当光子能量介于 0.06～10 MeV 时，上述近似对软组织也同样适用。

表 3-4　不同组织中的 f_m 值及相应 X/D_m 值的波动范围

相关因子	空气	水		肌肉	
		（$f_{水}$）最大	（$f_{水}$）最小	（$f_{肌肉}$）最大	（$f_{肌肉}$）最小
f_m/（rad/R）	0.873	0.971	0.884	0.962	0.918
X/D_m/（R/rad）	1.15	1.03	1.13	1.04	1.09

但当吸收剂量和照射量均取 SI 单位时，由式（3-20）可知，此时的 f_m 因子值将在 37 上下波动，上述的照射量与吸收剂量之间近似相等的数值关系就不复存在。

但是由于吸收剂量 D_m 与空气碰撞比释动能值$[K_c]_a$之间存在如下形式关系：

$$D_m = \frac{(\mu_{en} / \rho)_m}{(\mu_{en} / \rho)_a} \cdot [K_c]_a \tag{3-22}$$

鉴于水、肌肉、软组织的 $\frac{(\mu_{en} / \rho)_m}{(\mu_{en} / \rho)_a}$ 与 1 十分相近，因而，在使用 SI 单

位的情况下，可以用空气碰撞比释动能值（Gy）作为水、肌肉和软组织吸收剂量（Gy）的近似值。

3.3 辐射防护量

辐射防护量是指用于评估核或辐射应急情况下由辐射引起的后果的剂量学量，包括当量剂量和有效剂量等。

3.3.1 当量剂量

辐射 R 在组织或器官 T 中产生的当量剂量 $H_{T,R}$ 由式（3–23）给出：

$$H_{T,R}=W_R\cdot D_{T,R} \tag{3–23}$$

式中，$D_{T,R}$ 为辐射 R 在组织或器官 T 中产生的平均吸收剂量；W_R 为辐射权重因子，ICRP 指定的辐射权重因子值列于表 3-5。需说明，所有辐射权重因子值的大小与身体接受的辐射类型及能量有关；对于表 3-5 未列出的其他辐射权重因子，可以通过计算 ICRU 球（是指直径=30 cm、密度=1 g/cm^3，由组织等效材料构成的球体，质量成分：氧 76.2%、碳 11.1%、氢 10.1%、氮 2.6%）内 10 mm 深度处的 Q 得到近似值；这里所说辐射权重因子并未包括结合在 DNA 内核素发射的俄歇电子。

由于 W_R 无量纲量，因此当量剂量的 SI 单位与吸收剂量的相同，也是 J/kg，但是专用名称是希沃特（Sv）。定义当量剂量对时间的导数为当量剂量率 $\dot{H}_{T,R}$。

表 3-5　辐射权重因子

辐射类型和能量范围		辐射权重因子 W_R
光子	所有能量	1
电子和 μ 子	所有能量	1
中子	能量＜10 keV	5
	10～100 keV	10
	100 keV～2 MeV	20
	2～20 MeV	10
	＞20 MeV	5
质子（反冲质子除外）	能量＞2 MeV	5
α 粒子，裂变碎片，重核	所有能量	20

当量剂量中的辐射权重因子 W_R 相当于剂量当量中的品质因数 $\overline{Q}$，在小剂量时选定的 W_R 值，使其能代表这种辐射在诱发随机性效应方面的RBE 数值差别。当辐射场是由具有不同能量、不同类型的辐射构成时，为确定总的当量剂量，必须把吸收剂量细分为一些组，每组的吸收剂量乘以相应的 W_R 值，然后求和，即有

$$H_T = \sum_R W_R D_{T,R} \tag{3-24}$$

W_R 值大致与 Q 值一致，与 Q 值相比，W_R 要相对简单些，一方面 W_R 不再与 L 直接联系，另一方面，W_R 可由照射到人体表面的辐射类型和能量确定，因而 W_R 不依赖于组织或器官在人体中的位置和对辐射取向方式。

3.3.2　有效剂量

吸收剂量和当量剂量是对物质或组织中指定一点定义的，人体不同部位的吸收剂量或当量剂量不可相加，但是辐射对人体产生的危害在某种意义上是可以相加的，例如人体肺部和甲状腺同时接受照射，产生致死性肺癌的概率和致死性甲状腺癌的概率之和，就是接受这次照射的个体因辐照而死于癌症的概率。

有效剂量当量就是在考虑人体各组织或器官的相对危险度的基础上，对人体各组织或器官当量剂量的加权和，表示在非均匀照射下随机性效应发生概率与均匀照射下随机性效应发生概率相同时，所对应的全身均匀照射的当量剂量。

3.3.3 待积剂量

3.3.3.1 待积当量剂量

由外照射引起的剂量总是在机体受照同时接受的，然而，由进入人体的放射性物质造成的内照射，它对人体组织造成的剂量，时间上是分散的，且随着放射性物质的衰变，剂量是陆续给出的，在单位时间内给出的当量剂量（当量剂量率），也在随时间的延续而改变，如图 3-4 所示。当量剂量率随时间的改变，依赖于放射性核素的种类、化学形态、进入人体内的方式及其在体内的代谢规律。若令 $\dot{H}_{\mathrm{T}}(t)$ 为单次摄入放射性物质后，在 t 时刻对器官或组织 T 造成的当量剂量率，于是定义积分：

$$H_{50,\mathrm{T}} = \int_{t_0}^{t_0+50年} \dot{H}_{\mathrm{T}}(t)\mathrm{d}t \qquad (3\text{-}25)$$

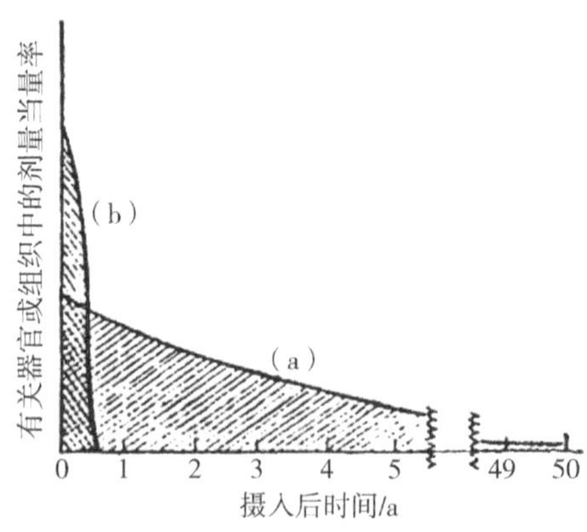

（a）摄入后在体内滞留的有效时间较长的核素
（b）摄入后在体内滞留的有效时间较短的核素

图 3-4　单次摄入放射性核素后器官当量剂量随时间的变化

为放射性核素单次摄入后，对器官或组织 T 造成的待积当量剂量，其中 t_0 是放射性核素摄入时刻，积分时间 50 年相应于放射职业人员的终身工作时间。

可见，待积当量剂量 $H_{50,T}$ 是单次摄入的放射性物质在其后 50 年内，对所关心的器官和组织造成的总剂量。图3-4 中同时示出了摄入后在体内滞留的有效时间较长（a）和较短（b）两种核素，对器官或组织的当量剂量率 $\dot{H}_T(t)$ 随时间变化情况，曲线下阴影的面积代表 50 年内的总当量剂量。可见，对于那些在体内滞留有效时间较短的放射性核素（如 ^{131}I、^{210}Po 等），单次摄入后不用 50 年时间，即可给出其全部的待积当量剂量。

3.3.3.2 待积有效剂量

如果单次摄入放射性核素对人体器官或组织 T 造成的待积当量剂量 $H_{50,T}$，乘以相应的权重因子 W_T，随后对所涉及的器官或组织 T 求积分，即可得待积有效剂量 $H_{50,E}$，也即有

$$H_{50,E} = \sum_{T} W_T H_{50,T} \tag{3-26}$$

待积有效剂量 $H_{50,E}$，可以作为由于单次摄入放射性核素，预计对一个平均个体将要造成的随机性健康效应诱发率的衡量指标。

3.3.4 集体剂量

受到特定辐射源或在某辐射实践中受到照射的群体，由于地理位置、生活习俗等原因，其中每个成员的受照水平不会完全相同，因而群体中每个成员的剂量当量在 0 至某个最大值之间总是有个分布，如果这一群体中的个体全身或某一器官（或组织）平均剂量当量为 $\bar{H}_i$ 的那部分成员数为 $N(\bar{H}_i)$，那么定义：

$$S = \sum_{i} \bar{H}_i N(\bar{H}_i) \tag{3-27}$$

为该群体的集体剂量当量，可见，集体剂量当量 S 实际上就是受照群体每个成员的剂量当量总和。

如果式（3-27）中的 $\bar{H}_i$ 指的是全身均匀受照射时的剂量当量，那么，S 便是该群体全身的集体剂量当量 S 全身；如果 $\bar{H}_i$ 是身体某个器官或组织 T 的剂量当量，那么由式（3-27）获得的 S 便是该器官或组织的集体剂量当量 S_T。如果 $\bar{H}_i$ 表示个体有效剂量，则 S 就是集体有效剂量 S_E，即有

$$S_E = \sum_i H_{E_i} N(H_{E_i}) \quad （3\text{-}28）$$

式中，$N(H_{E_i})$ 为群体中有效剂量等于 H_{E_i} 的那部分成员的人数。

集体剂量当量 S 和集体有效剂量当量 S_E 的 SI 单位是“man · Sv”（人 · 希）。

集体量 S_T、S 全身和 S_E 可用来估计源于特定辐射实践或某种辐射源，在群体中发生健康效应的期望数，例如，有

$$G_T = r_T S_T \text{（人）} \quad （3\text{-}29）$$

$$G = r_{全身} \cdot S_{全身} = r_{全身} \cdot S_E \text{（人）} \quad （3\text{-}30）$$

式中，r_T 为关于器官或组织 T 的危险度系数，G_T 为群体中因为器官或组织 T 受照而发生相应辐射效应的期望数；$r_{全身}=1.65\times10^{-2}\,Sv^{-1}$，是指包括致死癌症及最初两代遗传效应在内的随机性健康效应的诱发率，G 是指由于全身均匀受照或不均匀受照而预计发生随机性健康效应的期望数。

前面在计算与个体相关的有效剂量当量时，没有考虑皮肤的贡献，认为对于个体而言，因皮肤受照而导致随机性效应发生率可以忽略不计，但在估算群体生物效应时，应当计入皮肤受照的贡献。对于整个皮肤表面而言，皮肤危险度系数约为 $10^{-4}\,Sv^{-1}$，相应的权重因子 $W_{皮肤}=0.01$，因此可以定义一个包括皮肤在内的集体有效剂量当量 S_E（包括皮肤），它应该等于

$$S_{E(包括皮肤)} = S_E + 0.01\sum_i \bar{H}_{皮肤,\,i} \cdot N(\bar{H}_{皮肤,\,i}) = S_E + 0.01 S_{皮肤} \quad （3\text{-}31）$$

式中，S_E 为集体有效剂量当量；$N(\bar{H}_{皮肤,i})$ 为个体整个皮肤表面平均剂量当量为 $\bar{H}_{皮肤,i}$ 的那部分成员的人数；$S_{皮肤}$ 为皮肤的集体剂量当量。

在给出的集体剂量当量或集体有效剂量当量时，必须说明计算这一集体剂量当量数值时，所涉及的时间范围和相关群体的人数（这里没有涉及战

时群体剂量)。

3.3.5 预计剂量

在事故条件下不考虑可能的防护措施，对每种照射途径估计处于危险的居民的剂量，称为预计剂量（*PD*），也称预期剂量。它是表示确定性健康效应风险的相关的量，通常是从事故开始在生物学上有意义的时间 T_d 内经过所有途径接受的总剂量。

3.3.6 可避免剂量

对于核事故情况下何时采取何种防护措施而言，了解每一种照射途径的可避免剂量是十分重要的，它是指所执行的防护措施在执行期内能免除的剂量（*AD*）。可避免剂量用以判定为减少随机效应风险而采取某种防护行动带来的净利益。

3.3.7 剩余剂量

核事故情况下采取的防护措施并不总是充分有效的，这可能是由于剂量已经接受，也可能是由于执行的防护措施仅部分降低了总的预计剂量。将每种照射途径的预计剂量减去可避免剂量得到的剂量称为剩余剂量（*RD*），*PD*-*AD*=*RD*。即使每一种防护措施均是正当的，执行了防护措施以后，仍应当对所有途径的剩余剂量之和加以评估，主要原因在于存在引发严重确定性健康效应的可能性。

3.4 核辐射监测实用量

核辐射监测的实用量主要用于军用核辐射监测装备，以及核事故使用的场外应急辐射防护仪器。战时核条件下或重大核事故，外照射剂量限值主要是针对骨髓（造血）型辐射损伤（属于确定性效应）而规定的红骨髓平均吸收剂量 D_m。由于通常不能用核辐射监测仪器直接测量外照射造成的红骨髓平均吸收剂量，因此必须使用与其相关的、偏安全、可测的并能使用法定计量单位表示的实用辐射量。

3.4.1 周围吸收剂量 $D^*(d)$

周围吸收剂量 $D^*(d)$主要用于环境监测。$D^*(10)$是指在扩展齐向辐射场中的 ICRU 球内，针对射线入射方向半径上，深度 d=10 mm 处产生的吸收剂量，适用于 γ 辐射和中子监测，在战时核爆炸条件下，剩余核辐射中 γ 射线造成的 D^*（10）在一定程度上能代表 D_m；在平时，对 γ 射线的监测，D^*（10）与周围剂量当量 H^*（10）在数值上较相近。

3.4.2 定向吸收剂量 D (d、Ω)

定向吸收剂量 D（d、Ω）同样也用于环境监测。D 同（0.07）是在扩展辐射场中的 ICRU 球体内，指定方向半径上深度 d=0.07 mm 产生的吸收剂量。对于战时核爆炸条件下，剩余核辐射中 β 射线造成的 D 线（0.07）能在一定程度上代表 β 射线造成的皮肤吸收剂量。

3.4.3 个人吸收剂量 $D_p(d)$

个人吸收剂量 D_p（d）用于个人监测，是身体上某一指定点下面深度 d 处的软组织吸收剂量。D_p（10）用于表示 γ 辐射和中子外照射深度 d=10 mm 处软组织的吸收剂量，它能合理地代表早期核辐射的 γ 辐射和中子，剩余核辐射的 γ 辐射的 D_m；D_p（0.07）用于表示 β 辐射外照射时，深度 d=0.07 mm 处软组织的吸收剂量，对于剩余核辐射的 β 辐射它能合理地代表外照射皮肤吸收剂量。

以上外照射实用辐射量计量单位为 Gy 及其分数单位 cGy、mGy、μGy。

3.4.4 放射性污染监测实用辐射量

放射性表面污染监测使用表面活度（单位 Bq/m^2、Bq/cm^2）。

空气、水、食物等放射性污染监测使用体积活度（单位 Bq/L、Bq/m^3），或质量活度（单位 Bq/kg）；

考虑到目前军队使用的核辐射监测装备及有关技术资料，有些仍旧使用着照射量、伦琴/小时。表 3-6 列出光子能量为 E 的周围吸收剂量 D*（10）与空气比释动能 K_α 间的转换系数 D*（10）/K_α。使用表 3-6 时，对于 E_γ＜1.5 MeV 的 γ 光子，先将以伦琴（R）为单位的照射量，乘以 0.876 转换为以 cGy 为单位的空气比释动能，然后再根据给定 γ 射线能量对应的 D*（10）/K_α 转换系数，求出 D*（10）。

［例 3-3］应用某型辐射仪，测得 γ 源 ^{60}Co 某处的照射率 $\dot{X}$=2 R/h，试求该处的 $\dot{D}$*（10）为多少？

解：由于 γ 源 ^{60}Co 放出 2 种 γ 射线，能量分别为：$E_{\gamma1}$=1.17 MeV(100%)、$E_{\gamma2}$=1.33 Mev(100%)

则其能量平均值 E_γ=（1.17 MeV+1.33MeV）/ 2 =1.25（MeV）

由表 3-6 可知，对应 E_γ=1.25 MeV，D*（10）/K_α=1.16。

由于 E_γ＜1.5 MeV

则 K_α=2×0.876（cGy）

因此 $\dot{D}$*（10）=2×0.876×1.16=2.03（cGyh）。

表 3-6　光子的周围吸收剂量 $D^*(10)$）与空气比释放动能 K_α^* 间的转换系数 $D^*(10)/K_\alpha$

光子能量 E/MeV	$D^*(10)/K_\alpha$/(Gy/Gy^{-1})
0.010	0.01
0.015	0.27
0.020	0.60
0.025	0.86
0.030	1.10
0.040	1.47
0.050	1.67
0.060	1.74
0.070	1.75
0.080	1.72
0.090	1.68
0.100	1.65
0.125	1.56
0.150	1.49
0.200	1.40
0.250	1.35
0.300	1.31
0.500	1.23
0.662	1.20
1.000	1.17
1.250	1.16
3.000	1.13
5.000	1.11
10.000	1.10

注：*当 E 大于 1.5 MevV，通常可将原以伦琴为单位的照射量乘以 0.876 即转换为以 cGy 为单位的空气比释动能。

思考练习题

1. 描述辐射场的物理量主要有哪些？

2. 什么是吸收剂量？适用什么范围？其 SI 制单位和专用单位之间如何换算？

3. 如果空气中照射量为 2R，相应的比释动能值为多少？

4. 什么是剂量当量？适用什么范围？其 SI 制单位和专用单位之间如何换算？

5. 什么是可避免剂量？适用什么时机？

6. 监测周围吸收剂量的主要目的是什么？

7. 监测个人吸收剂量的主要目的是什么？

8. 已知 ^{60}Co 点源的活度为 250 mCi，求工作人员在离源 2 m 处停留 15 min 所受剂量当量为多少？

第 4 章　辐射生物效应

电离辐射作用于人体，可能造成器官或组织的损伤，这种作用和后果称作核辐射生物效应，以下简称辐射效应。

电离辐射照射对人类的健康危害是在人类不断利用各种电离辐射源的过程中被认识的。1895 年伦琴发现 X 射线后一年就有操作人员手部皮肤发生损伤的报道，以后发现这些损伤不但可以引起皮肤溃疡，最终还可导致皮肤癌。1898 年居里夫妇又发现新的放射性元素镭和钋，当时尚未认识到它对人体的伤害作用，没有采取任何防护措施，研究人员的手部和其他接触过放射性核素的皮肤，出现了长期不愈的灼伤。镭应用于发光涂料后，一批描绘表盘的女工除接触作业场所镭的污染外，还因常用嘴唇舔吸含发光涂料的笔尖而摄入过量的镭，而出现下颌骨骨髓炎、其他骨病变（骨质疏松、骨坏死和骨折）和骨肉瘤等。

此外，在 16 世纪已有“矿山病”的报道，约 300 年后人们知道这些矿工是死于肺部肿瘤。1924 年首次提出了矿工肺癌的病因是吸入氡及其短寿命放射性氡子体。1939 年报道，捷克矿工肺癌的死亡率为对照人群的 28.7 倍，推测可能与肺部受到放射性粉尘作用有关。在我国，20 世纪 60 年代开始发现云南有个旧锡矿矿工肺癌人数不断增加，他们中绝大多数是早年在无机械通风的井下作业的童工，其主要病因是吸入矿井空气中的氡及其子体。

1945 年 8 月发生在日本广岛、长崎的原子弹爆炸产生的巨大杀伤力给人类带来了新的阴影，对一大批幸存者远期效应的随访观察已经证明，白血病和其他部位的癌症发生率与原子弹爆炸所致的器官吸收剂量有关，同时也发现一些受到较大剂量照射的人群出现癌症发生率增大的危险。

4.1　辐射作用于人体的途径

4.1.1　外照射

穿透力较强的射线或粒子（如中子、γ 射线和 X 射线等）在人体外对人体造成的照射称为外照射。人员在放射性污染区或存在电离辐射的空间活动时，即使没有直接与放射性物质接触，也会受到射线的照射，且绝大部分来自主要方向射线的照射。人员在短时间内受到射线大剂量的外照射，往往会出现急性放射病。

人们每时每刻都受到天然本底辐射的照射。在生产、应用电离辐射源的过程中，放射职业人员还受到附加的职业照射；邻近生产、应用电离辐射源地区的居民或受到人工放射性污染影响的公众，同样也受到天然本底照射以外的附加照射；在使用电离辐射装置的医疗诊断治疗（如 X 射线检查、放射治疗）中，人们也会受到电离辐射外照射；发生向环境释放大量放射性物质的核事故或核与辐射恐怖事件中，处于事故工况的反应堆、向下风方向漂移的放射性烟云和已沉降于设备、建（构）筑物及地面表面的放射性落下灰等所产生的射线，都可能对人们造成外照射。

4.1.2　内照射

放射性物质经由空气吸入、食品食入，或经皮肤、伤口吸收并沉积在体内，在体内释出 α 粒子或 p 粒子对周围组织或器官造成照射，称为内照射。在正常作业或事故性释放时，放射性物质一般通过空气和水为途径进入周围环境，在环境中经不同的照射途径，包括食物链最终到达人体。进入环境中的放射性物质通过空气对人体的照射途径如图 4-1 所示。

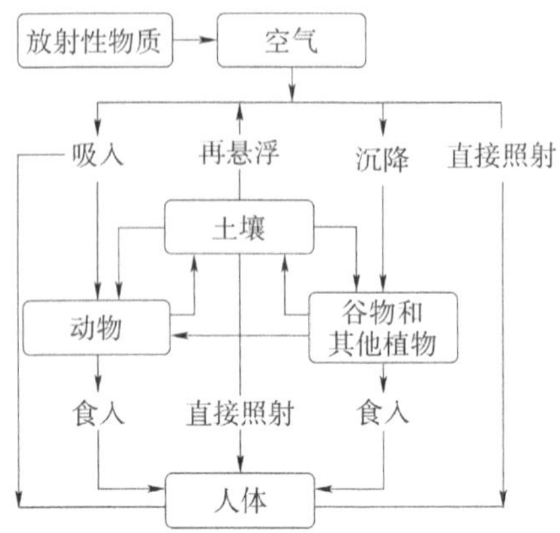

图 4-1　放射性物质造成人体内照射的途径

经由空气和水两种途径使公众受到内照射时，不同环境介质（如空气、地表水、地下水、牛奶、动物性食品、植物性食品、饲料等）对人体照射的相对重要性是不一样的。当氚造成环境污染时，对人体内照射影响最重要的环境介质是空气、牛奶、蔬菜和地表水；环境污染物是碘-131 时，则可能是牛奶、蔬菜；混合裂变产物和活化产物污染环境时，最重要的环境介质可能是空气、蔬菜、鱼和水生贝壳类动物；超铀元素污染环境时，最重要的环境介质可能是空气、鱼和水生贝壳类动物。

4.1.3　皮肤照射

当人员操作开放型放射性物质（直接暴露于环境介质中的放射性物质）或在有放射性污染的空间活动时，如果没有采取适当防护措施来保护皮肤，放射性物质可能沉降于裸露的皮肤及体表，这些放射性物质所发出β射线对皮肤造成的直接照射称为皮肤照射，由此造成的皮肤辐射损伤，称为皮肤β射线灼伤，简称皮肤灼伤。皮肤照射主要取决于体表放射性污染水平和皮肤受照时间，其他因素，如放射性微粒的理化性质、人员活动情况与体表状态（裸露皮肤的部位、服装厚薄、伤口和潮湿等）对皮肤灼伤也有一定影响。皮肤灼伤通常出现在人体暴露部位，以及易积垢、多汗的部位。

4.2　辐射对人体的损伤机理

辐射通过机体的外部或内部作用于人体后，使机体中的大分子（蛋白质、酶类）化合物激发或电离，造成分子结构的变化和生物学功能性质的改变，从而引起组织细胞遭到破坏和各个系统（神经、消化、造血、内分泌等）的功能障碍，使机体发生病理性的变化，导致放射性损伤的发生。电离辐射引起的生物效应主要起因于两个方面的作用机理：一是辐射损伤的原发作用，这是导致放射病发生的重要原因；二是继发作用，也就是机体各种代谢发生紊乱，导致症状出现，机体原发作用的程度决定了机体的损伤程度、放射病症状的轻重等，原发作用包括以下几个方面。

4.2.1　直接作用

辐射直接作用于机体中具有生物活性的大分子，引起生物大分子电离和激发，这种直接作用造成的生物分子损伤效应称为直接作用，例如使 RNA（核糖核酸）、DNA（脱氧核糖核酸）、蛋白质和各种酶类的化学结构发生改变等，剂量较大时，可使分子中的化学键发生断裂，造成与这些物质有关的代谢环节发生功能障碍。

人体生长、发育的主要物质基础是合成蛋白质，蛋白质是构成身体的基本成分（约占体重的 20%），然而人体不能直接利用“异体蛋白质”，必须在自己的体内进行合成。RNA 和 DNA 两种生物大分子在蛋白质的生物合成中起着决定的作用，射线对 DNA 分子的作用类型可分为三种：一是致 DNA 分子损伤；二是 DNA 分子合成代谢受到抑制；三是致 DNA 分子分解代谢增强。尤其是 DNA 分子受到损伤后可直接影响蛋白质的合成。

4.2.2 间接作用

辐射还可作用于生物体体液中的水分子，使其电离或激发后生成一些性质活泼的产物自由基（如 H^+、OH^-、$H_2O_2^-$等），这些自由基再与生物分子发生作用，从而造成生物分子的损伤，这种作用方式被称为间接作用。

性质活泼的自由基，具有较强的氧化能力，能使绝大多数有机化合物氧化，形成氧化物或发生取代反应，造成生物大分子的损伤或变性。当这些性质活泼的自由基作用于大分子后，导致分子结构发生变化而生成新的有机化合物，使代谢功能出现障碍，造成人体各系统的病理变化。辐射引起机体损伤有剂量因素，另外还取决于机体补偿、再生、修复过程，损伤与修复作用的结果决定了机体的死亡率或生存率。有些损伤虽然可以修复但也可能引起细胞基因突变，并可能在后代个体上产生某种特殊结构变化，这就是辐射作用的遗传效应。

4.3 辐射生物效应分类

人体受辐射作用时，根据照射方式、部位、剂量、效应出现的时间以及效应规律等情况，在实际工作中常将生物效应分类表述。

4.3.1 随机性效应与确定性效应

基于辐射防护目的，辐射作用于人体产生的生物效应可以分为随机性效应和非随机性效应（确定性效应）。随机性效应是指辐射致生物效应的发生概率随照射剂量而改变的一类效应，如辐射所致的诱发癌症和遗传效应等。对随机性效应通常假定不存在剂量阈值。确定性效应是指辐射所致生物效应的严重程度随照射剂量而改变的一类效应。确定性效应的特点之一是可能存在剂量阈值，如辐射所致的眼晶体白内障，骨髓内细胞受照所引起的造血障碍以及辐射致皮肤的良性损伤等。

确定性效应的发生有剂量阈值。受照剂量必须大于某剂量阈，效应才会发生，且严重程度和剂量大小有关，如图 4-2 所示；随机性效应的发生率，目前主要指癌症的发生率。随机性效应的发生率与剂量存在“线性”“无阈”的关系，而效应的严重程度与剂量无关，如图 4-3 所示。值得注意的是，这种关系是在大剂量和高剂量率情况下，结果外推得到的一种简化假定。这种简化必将导致尽可能降低剂量水平，是一种偏安全慎重的做法。

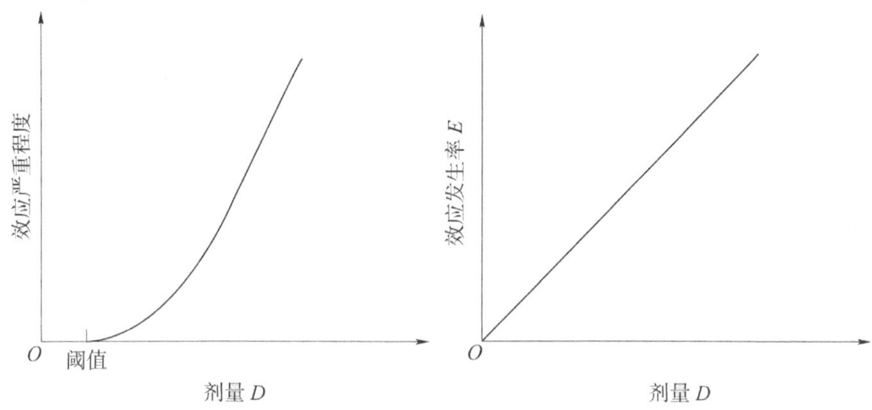

图 4-2　辐射的确定性效应与剂量的关系　图 4-3　辐射的随机性效应与剂量的关系

4.3.2　急性效应与远期效应

按照射剂量率高低、机体效应出现时间的早晚，辐射生物效应可分为急性效应和远期效应。人员在短时间内受到大剂量照射，即受到较高剂量率照射后在较短时间（数分钟至数周）内出现的效应称为急性效应，也称早期效应或近期效应。人体出现近期效应的典型表现是急性放射病；人员受到低剂量率长期照射，随着累积照射剂量的增加，经历较长时间，在照后约 6 个月以后才表现出来的效应称为远期效应，也称晚期效应、远后效应或迟发效应。远期效应可在照后数月、几年或更长时间后才出现，人体出现远期效应的典型表现是慢性放射病。

4.3.2.1 急性放射病

急性放射病是指人体一次或短时间（数天）内分次受到大剂量电离辐射照射引起的全身性疾病。急性放射病多在核事故、辐射事故、核与辐射恐怖事件以及医疗照射等情况下，当人体受到较大剂量照射时才发生。根据临床特点和基本病理改变，急性放射病分为骨髓型、肠型和脑型三种类型，病程一般分为初期、假愈期、极期和恢复期四个阶段，表 4-1 列出各型急性放射病的初期反应和受照剂量下限值。

表 4-1 各型急性放射病的初期反应和受照剂量下限值

<table>
<tr><th colspan="2">分型分度</th><th>初期反应</th><th>受照剂量下限值/Gy</th></tr>
<tr><td rowspan="4">骨髓型</td><td>轻度</td><td>乏力、不适、食欲减退</td><td>～1.0</td></tr>
<tr><td>中度</td><td>头昏、乏力、食欲减退、恶心、呕吐、白细胞总数短暂上升之后下降</td><td>～2.0</td></tr>
<tr><td>重度</td><td>多次呕吐、可有腹泻、腮腺肿大、白细胞总数明显下降</td><td>～4.0</td></tr>
<tr><td>极重度</td><td>多次呕吐和腹泻、休克、腮腺肿大、白细胞总数急剧下降</td><td>～6.0</td></tr>
<tr><td colspan="2">肠型</td><td>频繁呕吐和多次腹泻、腹痛、休克、血红蛋白升高</td><td>～10.0</td></tr>
<tr><td colspan="2">脑型</td><td>频繁呕吐和腹泻、休克、共济失调、肌张力增强、震颤、抽搐、昏睡、定向和判断力减退</td><td>～50.0</td></tr>
</table>

（1）骨髓型急性放射病，又称造血型急性放射病，由全身受照剂量为 1～10 Gy 的辐射所致。主要损伤骨髓等造血系统，在造血抑制和破坏的基础上，发生以全血细胞减少为主的造血障碍综合征；以白细胞数减少、感染、出血等为主要临床表现，具有典型阶段性病程的急性放射病，按病情严重程度，又分为轻、中、重和极重四度。

（2）肠型急性放射病是以胃肠道损伤为基本病变，由全身受照剂量＞10 Gy 辐射所致，以频繁呕吐、严重腹泻以及水电解质代谢紊乱为主要临床表现，具有初期、假愈期和极期三阶段病程的严重的急性放射病。

（3）脑型急性放射病是以脑组织损伤为基本病变，以意识障碍、定向力丧失、共济失调、肌张力增强、抽搐、震颤等中枢神经系统症状为特殊临床表现。由极高的全身受照剂量（＞50 Gy）辐射所致，绝大多数是致死的。该综合征有四个阶段：表现为恶心和呕吐的前驱期；倦怠和嗜睡，程度上从淡漠到虚脱；震颤，抽搐，共济失调；最后在数小时至数天内死亡。

4.3.2.2 慢性放射病

慢性放射病是指在较长时间内连续或间断受到超当量剂量限值的电离辐射作用，达到一定累积剂量后引起的多系统损害的全身性疾病。慢性放射病可以由外照射引起，也可以由内照射引起。

由于机体对电离辐射的反应除受射线类型、照射方式、剂量率高低的影响外，还因个体对辐射的敏感性，年龄、性别、营养以及原来的健康状况等条件的不同而表现差别较大，以致较难确定究竟累积剂量达到什么程度可导致慢性放射病。由于机体全身一次受照 1 Gy 以上才能引起急性放射病，慢性放射病所需累积剂量应高于上述剂量。根据我国外照射慢性放射病诊断标准及处理原则规定，有长期连续或间断受到超过当量剂量限值的照射史，当累积当量剂量达到或超过 1.5 Sv，就有可能引起慢性放射病。

慢性放射病主要有如下一些特征：

（1）机体功能状态降低：可致皮肤创伤几年不愈合，还可使受照人员寿命缩短、早衰、死亡率增加等。根据对日本广岛、长崎原子弹爆后受害者的随访，观察到明显的衰弱无力、劳动力降低、体温周期性上升、抗传染病能力下降、身体局部发生感染等症状。

（2）造血系统和血液形态学改变：如受照剂量较大，可出现造血器官的特殊病理变化，也可发生再生障碍性贫血或白血病等；如在慢性照射情况下，可出现不同程度的白细胞减少、淋巴细胞相对增加现象。

（3）视觉器官功能改变：由于眼晶体对射线比较敏感，可出现白内障、眼晶体浑浊等症状，如 1 次 2 Gy 的 γ 射线照射可引起白内障。

（4）生殖系统功能障碍：卵巢和睾丸对射线非常敏感。如卵巢受照后出现萎缩、卵细胞死亡等，睾丸受照后出现精子生长周期延长、活力降低、数量减少等现象。

（5）癌症的出现：电离辐射作用于机体后，可以诱发肿瘤和白血病，主要由于辐射致体细胞内基因结构发生了某种突变所致，但癌症并非立即发生，而要经过一段潜伏期后才出现。对日本原子弹受害者进行长期跟踪调查表明，白血病在暴露后 3 年开始出现，6～7 年达高峰，以后逐年下降：其他肿瘤发病潜伏期一般为 10～15 年。

4.3.2.3 皮肤放射性损伤

如前所述，通过外照射或内照射，过量的电离辐射照射人体不仅会引起人体器官发生急性放射病或慢性放射性病，放射性物质发出的大量 β 射线直接照射皮肤，也会造成皮肤损伤。接受照射情况和剂量大小，临床上将皮肤放射性损伤分为急性损伤和慢性损伤两种类型。

1. 急性皮肤放射性损伤

急性皮肤放射性损伤是局部一次或短时间（数日）内多次受到＞3 Gy 的照射所引起的皮肤损伤。病情轻重分为四度，临床经过分为四期。

Ⅰ度（脱毛）：在初期反应期，大多数患者无皮肤不适症状。仅少部分伤者有轻度瘆痒、疼痛等感觉异常，持续 1～2 d 后局部症状自行消失，继而转入假愈期；假愈期持续 2 周，受照射区域皮肤如正常皮肤，无感觉异常；恢复期持续 2～4 周，毛囊疹消退，部分皮肤脱屑、色素轻度沉着，毛发 3 个月后可再生，色素沉着经历数月或数年后消退。

Ⅱ度（红斑）：在初期反应期，受照射后 3～4 h 至 1～2 d 内出现红斑、肿痛，患部皮肤有轻度痛痒或灼热疼痛，皮肤轻度水肿继而转入假愈期；假愈期持续 2 周以上；在极期，照射区域皮肤淡红色红斑反应（称真性红斑），渐而加深，呈棕褐色或古铜色，与周围皮肤界限清楚，自觉症状为瘙痒、刺痛及灼热感，此等症状随红斑反应加深而加重；恢复期持续 2～4 周，红斑、毛囊疹消退，皮肤角化、脱屑、色素沉着，表皮可以再生，可无瘢痕形成，色素沉着经历数月或数年后消退，一般无功能障碍。

Ⅲ度（水疱反应）：在初期反应期，症状基本上与Ⅱ度相似，但出现早、程度更严重；假愈期持续 1～2 周；在极期，照射部位剧痛，烧灼感，局部皮肤发红，渐而加重为红斑，紫红色，附近淋巴结肿大或伴随发热不适等全身症状，数天后，皮肤出现水疱，水肿明显，皮下组织疏松部位可融合成大的水疱，破溃后糜烂，渗出增多，形成湿性皮炎；恢复期病程 1～3 个月或更长，视损伤程度及范围而定，水疱吸收、糜烂后结痂愈合，形成瘢痕很少又恢复正常。

Ⅳ度（溃疡坏死）：在初期反应期照射部位疼痛，有灼热、瘙痒、麻木等症状，皮肤感觉阈值低，局部水明显，表皮光亮；假愈期一般不超过 4 d，或无假愈期；在极期，皮肤出现红斑甚至紫蓝色斑，水疱形成，表皮脱落，组织坏死，很快出现不易愈合的溃疡，Ⅳ度皮肤放射性损伤常伴有明显的全身症状，如体温升高、全身不适、食欲减退等；恢复期病程极长，经历数月或数年后才能愈合，局部皮肤形成瘢痕，萎缩，干燥，色素沉着和色素脱落交错，角化皴裂，对外界刺激特别敏感，溃疡若经久不愈会转入慢性皮肤损伤。

2. 慢性皮肤放射性损伤

慢性皮肤放射性损伤是局部长期受到超剂量限值照射、累积剂量高于 15 Gy、照射数年后出现的慢性皮肤改变，以及由急性皮肤放射性损伤迁延而来，主要有慢性放射性皮炎、硬结性水肿、慢性放射性溃疡和放射性皮肤癌四种类型。

慢性放射性皮炎是最常见的一种慢性皮肤放射性损伤，多半发生在长期接触放射性物质的职业人员，或为Ⅲ、Ⅳ度急性皮肤放射性损伤的晚期变化。射线主要损伤皮肤的胶原和弹性纤维、毛细血管，并涉及皮脂腺、毛囊和指甲的生发层细胞。

硬结性水肿是一种特殊的皮肤慢性放射性损伤，比较少见。主要是由于长期小剂量射线的作用，血管内皮细胞肿胀、坏死，血管壁炎性浸润和结缔组织增生，使血管腔变窄伴有血栓形成局部水肿，终致血管完全闭塞。同时淋巴管也受损伤，造成血液和淋巴回流受阻，因而形成局部水肿。

慢性放射性溃疡是皮肤放射性损伤的晚期变化、经久不愈的溃疡转变而来，或皮肤放射性损伤加上某种诱发因素形成，如冻伤、皲裂、抓破、摩擦及手术刺激等。该溃疡不易愈合且易并发感染。

放射性皮肤癌是皮肤放射性损伤最严重的远期效应。上列各型皮肤损伤均有癌变的可能。资料表明，慢性放射性皮炎癌变的发生率可达30%左右。

4.3.3 躯体效应与遗传效应

4.3.3.1 躯体效应

辐射致人体发生生物效应而显现在受照者本人身上的称为躯体效应。人体组织中的细胞能不断地分裂生长出新细胞，血液细胞也在不断地死亡并由分裂生成的新细胞取代。辐射一旦致细胞的结构遭受损伤，会使细胞不能再进行分裂，当直接被杀死（或损坏）的分裂细胞不太多情况下，其他正常细胞分裂而生成的新细胞可以取代它们，此时表现的辐射损伤比较轻缓，且这种损伤能被完全修复。如果直接被杀死（或损伤）的分裂细胞数目太多，超过了某个阈值，被损伤的机体组织细胞无法被其正常细胞分裂生成的新细胞来替代，这时整个机体组织就会遭严重损伤，其功能会丧失，产生在医学上可以观察到的生理损伤，于是就表现出躯体效应。躯体效应发生于体细胞，这类细胞的存活时间不可能超过个体的寿命期限，因此躯体效应一定在受照射者生存期间显现出来。

4.3.3.2　遗传效应

电离辐射照射人体后，如果生殖细胞（精子或卵子）受到辐射损害，这个损害可能直接影响下一代或随后几代，这种在受照者后代身上出现的各类效应叫作遗传效应。遗传效应发生于胚细胞，这类细胞的功能是将遗传信息传递给新的个体，使遗传信息在受照者的第一代或更晚的后代中显现出来，表现为在受照者后代身体上的某种生理缺陷，如先天畸形、呆傻、小头症及遗传性死亡等。遗传效应的发生也是基于概率，因此属于随机性效应，但风险远低于癌症。

从慎重观点出发，一般认为人体细胞中基因的非自然性的突变基本上是有害的，应尽可能避免人工辐射引起人体细胞内的基因突变。由于辐射作用可以使自然环境下发生的基因突变概率增加，能使自然突变概率增加 1 倍的剂量值被称为突变倍加剂量，该值为 0.1～1 Gy，典型代表值约为 0.7 Gy。

4.3.4　心理应激反应

电离辐射除对人体可能造成过量照射，引起身体出现急性效应或远期效应外，在一些涉及核设施周围环境的核应急状态下，也可能导致受影响的居民被迫迁居，使人们对自身及亲友安全、职业、房舍及其他财产损失产生担忧，以及其他一些因素，均会带来身心压力，出现一些心理效应。

受电离辐射影响，人体出现的心理应激反应分为三种：第一种是躯体的；第二种是认知的；第三种是情感的。应激反应可以在核事故、核与辐射恐怖事件等刚一发生时就出现，通常在 3～6 周内消失。如果超过一个月并影响人的生活，就需要精神卫生专业人员进行随访。核应急条件下，上述三种类型的心理应激反应列于表 4-2。

表 4-2　心理应激反应类型与表现

应激反应类型	典型表现
躯体应激反应	肌肉震颤、抖动、两肢无力；大量出汗；恶心；尿频；局限性头疼；定向力障碍；胸痛
认知应激反应	无法做出决断；不记得常用物品名称；注意力差；与同事交流困难；既往类似事件回闪
情感应激反应	情感淡漠—关闭情感；沮丧；怀疑自己应付事件能力；易怒；愤恨；悲伤；恐惧或焦虑

应激效应可见于受核应急状态影响未亡的幸存者，即直接受害者，也称第一受害者，也可见于那些在应急状态发生时未在现场直接受影响的其他人员，称为间接受害者，也叫第二受害者，包括事故灾难中死亡者和幸存者的直系亲属及与死难者有密切关系的其他亲友等。按照与应急状态关系的密切程度，依次将亲临现场的各类救灾人员（包括医务人员和心理卫生专家）称为第三受害者。把场外接触死难者和幸存者的救灾人员称为第四受害者，把场外的其他人群称为第五受害者，把所有受到应急状态震动的其他人称为第六受害者。

直接或间接受害者的心理反应与个人心身特点、核应急状态的特点及客观受损失程度等诸多因素有关，表现特点不尽相同，但常有以下共同规律：

直接受害者的心理效应可分为正常反应型、急性恐惧反应型、心理性休克型、兴奋型和创伤后应激障碍型。上述表现也有其时间特征，可分为灾难前预报期、灾难降临期、灾难后初期、灾难后晚期和灾难后跨时空反应期。

第二受害者及个别其他间接受害者可表现出与直接受害者完全相同的心理异常，有的甚至出现严重的精神障碍。儿童受灾后出现的心理障碍也受父母的影响。灾难对在最近有亲人死亡或离婚不和睦的家庭中的儿童引起的负性心理反应更为持久。

以往的精神病患者、对精神刺激易感的人、老年人、灾害使近亲死亡或家产损失殆尽的人、接受社会支援较少的人或者不易适应新环境的人，灾难后出现精神障碍的恢复期都可能延长。

4.4　辐射损伤的影响因素

影响辐射生物学作用的因素很多，基本上可归纳为两个方面，与辐射有关的物理因素以及与机体有关的生物因素。

4.4.1　物理因素

物理因素主要是指辐射类型、剂量率以及照射方式等，这里首先讨论辐射类型、剂量率、照射部位和照射的几何条件等对辐射生物学作用的影响。

4.4.1.1　辐射类型

不同类型的辐射对机体引起的生物效应不同，这种不同主要取决于辐射的电离密度和穿透能力，例如 α 射线的电离密度大，但穿透能力很弱，因此，外照射时的 α 射线对机体的损伤作用很小，但在内照射情况下，它对机体的损伤作用则很大。在其他条件相同情况下，就 α、β、γ 射线引起的辐射危害程度而言，外照射时 γ＞β＞α；而内照射时，则 α＞β＞γ。

4.4.1.2　剂量率及分次照射

通常，在吸收剂量相同情况下，剂量率越大，生物效应越显著，同时，生物效应还与给予剂量的分次情况有关，一次大剂量急性照射与相同剂量下分次慢性照射产生的生物效应是迥然不同的，分次越多，各次照射时间越短，生物效应就越小。

4.4.1.3 照射部位和面积

辐射损伤与受照部位及受照面积也密切相关，这是因为与各部位对应的器官对辐射的敏感性不同，局部照射时身体各部位的辐射敏感性依次为腹部＞胸部＞头部＞四肢。不同器官受损伤后给整个人体带来的影响也不尽相同。例如，全身受到 5 Gy 的 γ 射线照射时，可能发生重度的骨髓型急性放射病，而同样剂量照射人体的某些局部部位，则可能不会出现明显的临床症状，即照射剂量相同时，受照面积越大，产生的效应也越大。

4.4.1.4 照射的几何条件

在外照射情况下，人体内的剂量分布受到入射辐射的角分布、空间分布以及辐射能谱的影响，并且还与人体受照时的姿势及其在辐射场内的取向有关，因此，不同的照射条件所造成的生物效应也往往会有很大的差别。

除以上所述，内照射情况下的生物效应还取决于进入体内的放射性核素的种类、数量、核素的理化性质、在体内沉积的部位以及在相关部位滞留的时间等因素。

4.4.2 生物因素

影响辐射生物学作用的生物因素主要是指生物体对辐射的敏感性，辐射生物学研究表明，当辐射照射的各种物理因素相同时，不同的细胞、组织、器官或个体对辐射的反应有很大的差异，这是因为不同的细胞、组织、器官或个体对辐射的敏感程度不同。把在照射条件完全一致的情况下，细胞、组织、器官或个体对辐射作用反应的强弱或其迅速程度，称为细胞、组织、器官或个体的辐射敏感性。在辐射生物学的研究中，辐射敏感性的判断指标多用研究对象的死亡率表示，有时也用所研究的生物对象在形态、功能或遗传学方面的改变程度来表示。

4.4.2.1　不同生物种系的辐射敏感性

表 4-3 列出了使受到 X、γ 射线照射的不同种系的生物死亡 50%时，所需要的吸收剂量值（半致死剂量值 LD_{50}），可见，种系的演化程度越高，机体结构越复杂，其对辐射的敏感性越高。

表 4-3　致不同种系生物死亡 50%需要的X射线或γ射线吸收剂量　　单位：Gy

生物种系	人	猴	大鼠	鸡	龟	大肠杆菌
LD_{50}	4.0	6.0	7.0	7.15	15.00	56.00

4.4.2.2　个体不同发育阶段的辐射敏感性

一般而言，随着个体发育过程的推进，其对辐射的敏感性会逐渐降低。图 4-4 表示出人体胚胎发育的不同阶段，个体对辐射敏感性的变化，同时，在表 4-4 列出了在胚胎发育的不同阶段，子宫受照射时可能出现的畸形类型。可见，在胚胎发育的不同阶段，其辐射敏感性表现的特点也有所不同。在个体出生后，幼年的辐射敏感性要比成年时高，但是，老年时由于机体各种功能的衰退，对辐射的耐受力则又明显低于成年期。

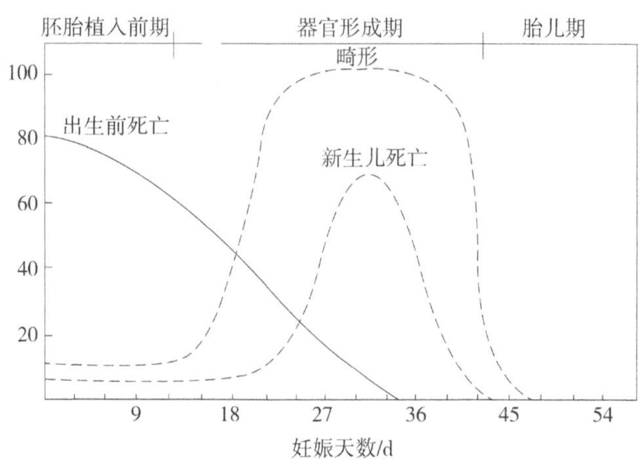

图 4-4　胚胎发育不同阶段 2 Gy 的 X 射线照射造成死胎和畸形的发生率

表 4-4　胚胎在子宫内受照后畸形发生率情况

受照时间（妊娠周数）	0～4	4～11	11～16	16～20	＞30
畸形类型	流产 很少畸形	多数系统 严重畸形	小头症、 智力异常、 生长延迟	很少有小 头症和智 力低下等	很少有严重 的解剖学缺陷， 可能有功能障碍

4.4.2.3　不同细胞、组织或器官的辐射敏感性

人体内繁殖能力越强、代谢越活跃、分化程度越低的细胞，一般对辐射也就越敏感。由于细胞具有不同的辐射敏感性，所以不同组织也就具有不同的敏感性，若以组织被照射后的形态变化作为其敏感程度的指标，则按辐射敏感性的高低，组成人体的各类组织和器官大致可分为以下几类：

1. 高度敏感

淋巴组织（淋巴细胞和幼稚淋巴细胞）、胸腺（胸腺细胞）、骨髓（幼稚红、粒和巨核细胞）、胃肠上皮（特别是小肠隐窝上皮细胞）、性腺（睾丸和卵巢的生殖细胞）和胚胎组织。

2. 中度敏感

感觉器官（角膜、晶状体、结膜）、内皮细胞（主要是血管、血窦和淋巴管内皮细胞）、皮肤上皮（包括毛囊上皮细胞）、唾液腺以及肾、肝、肺组织的上皮组织细胞。

3. 轻度敏感

中枢神经系统、内分泌腺（包括性腺的内分泌细胞）和心脏。

4. 不敏感

肌肉组织、结缔组织、软骨和骨组织。

思考练习题

1. 什么是外照射？

2. 什么是内照射？

3. 什么是皮肤照射？

4. 简述直接作用造成人体辐射损伤的机理。

5. 简述间接作用造成人体辐射损伤的机理。

6. 何谓随机性效应和确定性效应？

7. 何谓躯体效应和遗传效应？

8. 急性放射病有哪几种？

9. 骨髓型急性放射病可分哪几级？

10. 如何看待辐射心理效应？

11. 影响电离辐射损伤的物理因素有哪些？

12. 影响电离辐射损伤的生物因素有哪些？

13. 试比较 α、β、γ 和中子对人体的危害性。

第 5 章　电离辐射防护

5.1　辐射防护的目的和任务

简言之，辐射防护的目的就是人类在核与辐射技术的科学研究和利用以及其他涉及核与辐射的实践活动中，在使人类获得利益的同时，尽可能减少辐射的可能危害。具体来讲，辐射防护的主要（或基本）目的有两个：一是防止有害的确定性效应发生；二是限制随机性效应的发生率，达到可以接受的水平。

为了达到辐射防护的上述目的，对于防止确定性效应，需要制定足够低的剂量当量限值，以保证受照射的人员不会达到剂量阈值（阈剂量）；对于限制随机性效应的发生率，则是将一切具有正当理由的照射保持在可以合理做到的尽可能低水平。

辐射防护的基本任务也可归纳为两点：一是保护放射职业人员（包括其后代）以及广大公众乃至全人类的安全，免受辐射照射的危害；二是保护环境，使环境免受辐射的污染，并在保护好环境的同时，允许进行那些可能会产生辐射的必要实践，以造福于人类。

5.2　辐射防护的基本原则

为了达到辐射防护的上述目的，完成辐射防护任务，必须遵循以下辐射防护三原则：

5.2.1　辐射实践的正当化原则

在进行涉及核与辐射的任何实践活动之前，必须先权衡利弊得失，只有当这一实践活动对人群和环境可能产生的危害小于个人和社会从中获得的利益时，才能认为具有值得进行核与辐射实践的正当理由；反之不应采取这种实践。

5.2.2　辐射防护的最优化原则

最优化原则也称可合理达到尽可能低原则，即在考虑到经济和社会因素的条件下，所有辐射照射都应保持在可合理达到尽可能低的水平。但是如果过于要求更低的辐射，必将提高防护费用，而带来的好处只不过把已经很低的随机性效应发生率再降低一点，不能认为这样是合理的。从最优化原则出发，首先应该把辐射降到一定水平以下，然后在可能做到的情况下，把必须的照射剂量降到尽可能低的水平，直到为降低单位集体剂量当量付出的代价抵不上因减少危害所带来的好处为止。

5.2.3　个人剂量的限值

对个人所受照射采用剂量限值加以限制。

在辐射防护上述三原则运用中，主要研究的是辐射防护的最优化，主要原因在于实践的正当性是由全面负责的管理机构进行判断的。个人剂量限值已在防护标准中被规定。当然它们三者是有联系的，实践的正当性是辐射防护最优化研究的前提，个人剂量限值是最优化过程的约束条件。

在辐射防护实践中，对辐射防护三原则，存在一些误解，其中最常见的是把个人剂量当量限值作为设计和安排工作的出发点，以至在实践中，实际执行的是尽可能向限值接近的原则；另一常见误解是把个人剂量限值作为评价的主要标准。在辐射防护实践中，主要评价标准为是否实现了辐射防护的最优化，而不是评价是否超过个人剂量限值。

5.3 辐射防护的一般方法

如第 4 章所述，外照射是辐射源在机体外发出射线对人体组织造成照射，内照射则是存在于人体内的放射性核素发出射线对人体组织造成照射，表 5-1 列出外照射与内照射的主要区别，可见两种照射途径在辐射源类型、危害方式、常见致电离粒子和照射时间等方面差别较大。因此，根据对人体照射途径的不同，辐射防护一般方法可分为外照射防护方法和内照射防护方法。

表 5-1 内照射与外照射的主要区别

照射方式	辐射源类型	危害方式	常见致电离粒子	照射时间
内照射	多见开放源	电离、化学毒性	α、β	持续
外照射	多见封闭源	电离	高能 β、质子、γ、n	间断

5.3.1 外照射防护方法

结合外照射的主要特点，外照射防护的基本原则是尽量减少或避免射线从外部对人体的照射，使人体所受照射剂量不超过国家规定的剂量限值。

时间、距离和屏蔽一般称为外照射防护三要素，适用一切具有外照射意义的辐射源，结合实际情况，三者可单独采用，也可综合应用。应当注意，任何辐射与空气中原子相互作用后可能会产生类似臭氧或氮氧化物等有害气体；高能带电粒子束、光子束或中子束照射物质后，还会产生感生放射性，将稳定核素转变为放射性核素；在应用外照射辐射源时，存在内照射可能性。需视情采取相应措施，防止有害气体、感生放射性和内照射对人员的伤害。

5.3.1.1　时间防护

对于某一特定的辐射环境，如果周围环境及辐射源不改变，那么环境核辐射水平也不会随时间而改变，即此环境中的辐射在单位时间内对人体造成的照射剂量保持不变。设单位时间内的照射剂量、即剂量率为 $\dot{D}$，经过一段时间 T，人员受照累积剂量 D 可用式（5-1）计算：

$$D = \dot{D} \times T \tag{5-1}$$

可见，在这样的辐射环境中停留时间越长，辐射对人体造成的累积剂量也越大，因此，缩短在辐射环境的停留时间，可以降低人员累积剂量，从而避免出现急性核辐射损伤，并降低远期效应的风险。

减少辐射环境中停留时间的基本方法：一是利用仿真器材进行模拟训练，使操作动作达到准确、熟练，缩短人员作业时间，减少人员受照剂量；二是采取轮班作业，缩短每个作业人员在辐射环境中的时间，减少个人受照剂量；三是采用无人遥控装置，利用无人装备完成危险性较高的工作，福岛核电站事故时，日本政府就利用机器人深入未知辐射环境实施辐射监测，避免人员可能遭受高强度射线的照射。

5.3.1.2　距离防护

对于一个 γ 点源，设从点源中心 O 到某一点距离为 R，以 O 为原点、R 为半径，可得到一个球面（此球面面积为 $4\pi R^2$），在此球面上任意一点，点源的辐射强度应基本相同；如果设 O 点单位时间内发出 γ 射线数量为 N，在半径为 R 的球面上，单位面积接收的 γ 光子数量 N_A 则为

$$N_A = \frac{N}{4\pi R^2} \tag{5-2}$$

由式（5-2）可知，距离点源越远，辐射强度越弱，距点源的距离增加 1 倍时，辐射强度减弱至原来的 1/4。因此，通过增加与点源之间距离，可以减少射线对人的照射剂量。例如，一些医院采用放射性同位素碘治疗甲状腺癌症患者，将放射性碘置于患者甲状腺肿瘤部位，利用放射性碘发出的 γ

射线杀死肿瘤细胞，假设所用放射性碘，每秒钟发出 10 亿个 γ 射线，距离病人 0.5 m 处对其他人造成的剂量率约为 0.2 mGy/h，当距离增加至 1 m 处，此值则降为 0.05 mGy/h。因此，在工作生活中，当需要处理放射源时，可以利用长臂夹子来增大与放射源之间的距离，减少人体受照剂量。

5.3.1.3 屏蔽防护

处理强放射源时，如果通过缩短时间和增大距离两种方法还无法满足安全防护的要求，这种情况下，可以在人与放射源之间设置一种或几种足够厚的屏障，使源在某一指定位置对人造成的当量剂量率减弱至有关标准规定的限值以下，这种防护方法就是屏蔽防护。选择哪种屏蔽材料、厚度多少等，除与源的活度、射线类型及能量等因素有关外，还应当从材料价格、是否易得到等方面考虑。根据防护要求不同，可以选择固定式或移动式屏蔽材料，固定式屏蔽材料包括墙壁、吊顶、防护门和水井等，移动式屏蔽材料有铅砖、各种包装容器和含铅屏风等。例如处置 γ 放射源时，可利用一些重原子构成的屏蔽材料并通过增加材料厚度来阻挡 γ 射线，以此减弱 γ 射线对身体的照射剂量。表 5-2 列出常用屏蔽材料，将常见放射源的 γ 射线强度减弱至一半的厚度，称为半值层厚度。

表 5-2　常用屏蔽材料对常见放射源的半值层厚度

放射源	半衰期	γ 射线能量/keV	半值层/cm		
			混凝土	钢	铅
铯-137	27 a	0.66	4.8	1.6	0.65
钴-60	5.24 a	1.17，1.33	6.2	2.1	1.2
铱-192	74 d	0.13～1.06	4.3	1.3	0.6
镭-226	1 622 a	0.047～2.4	6.9	2.2	1.66

从表 5-2 中可以看出，构成屏蔽材料的密度越大、原子越重，对射线的阻挡能力越强，半值层厚度越小。例如铅的密度为 11.36 g/cm^3，质量数为

206，在表中所列三种材料中，密度最大、原子最重，因此半值层厚度最小，对铯-137（^{137}Cs）放射源的半值层厚度仅为 0.65 cm。

5.3.2　内照射防护方法

内照射防护的总体原则：

（1）包容与集中，把放射性操作限制在一定范围内，尽可能减少放射性物质的散失及向外扩散的可能性；

（2）稀释、分散和去污，采取各种措施，控制工作场所内空气和水的放射性浓度以及表面放射性污染水平。

针对内照射，基本防护方法是切断放射性核素通过吸入、食入和皮肤渗透或伤口侵入而进入人体的路径。

5.3.2.1　吸入防护

通常，吸入放射性物质是造成内照射的主要途径，因此，首先应当避免空气受到放射性物质污染。例如，对开放性放射性物质可采用湿法操作，加强环境通风等，必要时可带呼吸道防护器材，如普通纱布口罩和特殊防护口罩等。对工作于放射性气体或高放射性浓度气溶胶环境中的人员，则应当佩戴隔绝式或活性炭过滤式防护面具。

5.3.2.2　食入防护

为了避免放射性物质从口进入人体，首先要防止食物、饮水受到放射性污染。对污染的食物、饮水要进行放射性监测和净化处理，防止食用超过容许水平的食物和饮水。在操作放射性物料时，严禁用嘴直接接触被污染的器具；佩戴口罩的人员尽量不用嘴呼吸。为防止放射性物质从手部转移到口内，应当戴防护手套；特别在开放源工作场所内严禁进食和吸烟。

5.3.2.3 皮肤污染防护

放射性物质污染体表后，有可能经皮肤或伤口进入体内，还可能在体表直接因β射线而造成皮肤损伤。为此，一方面要避免皮肤直接接触放射性物质，另一方面要穿戴个人防护装具，如普通工作服、附加工作服（套袖、围裙和套裤等）、工作帽、手套和专用防护鞋或鞋套等；操作完开放性放射性物质后，应当及时洗手、洗脸或全身沐浴，必要时再次进行手、脸、足的表面污染检查。

5.4 剂量限值及相关控制量

根据国家标准《电离辐射防护与辐射源安全基本标准》（GB 18871—2002），我国对公众和放射职业人员在辐射源正常受控条件下可能的受照剂量做出了严格的剂量限值规定，也针对工作场所可能存在各类表面放射性污染，提出了相应的控制量。

5.4.1 基本剂量限值

年剂量当量限值是常用的基本剂量限值，包括个人在一年时间内所受外照射剂量当量和摄入放射性核素所产生的待积剂量当量两者之和，但是不包括天然本底照射和医疗照射，是在小剂量流行辐射病学调查基础上根据随机性效应和辐射防护原则提出的剂量指标，区分放射职业人员和公众。

1. 放射职业人员和公众的年剂量当量限值

表 5-3 列出国家标准《电离辐射防护与辐射源安全基本标准》（GB 18871—2002）规定的放射职业人员和公众的年剂量限值，该标准将受照人员分为放射职业人员和公众中个人两类。所谓放射职业人员是指：

（1）直接以放射性工作为职业的工作人员；

（2）因检修、处理事故定期或不定期进入放射性工作场所的人员。“公众”是指放射性工作场所以外工作生活的一切有关人员。

该标准指出：当长期持续受到电离辐射照射时，公众中个人在一生中每年的全身照射剂量当量平均值应不高于 1 mSv（0.1 rem）；对于非持续受照的公众中个人，虽然年剂量当量限值为 5 mSv，但这是针对从公众中选出的关键人群组而制定的限值。这里关键人群组，是从广大居民中选出、能够代表居民中预期会接受最高剂量的那些人。

表 5-3　放射职业人员和公众中个人的年剂量限值

<table>
<tr><th colspan="2">基本限值
辐射效应</th><th>照　　射</th><th>放射职业人员/
（mSv/a）</th><th>公众/
（mSv/a）</th></tr>
<tr><td rowspan="4">剂
量
限
值</td><td rowspan="2">随机性效应</td><td>全身均匀照射</td><td>50</td><td>5</td></tr>
<tr><td>非均匀照射</td><td>$\sum_{T} W_{T} H_{T} \leqslant 50$</td><td>$\sum_{T} W_{T} H_{T} \leqslant 5$</td></tr>
<tr><td rowspan="2">非随
机性效应</td><td>眼晶体</td><td>150</td><td>50</td></tr>
<tr><td>其他单个器官或组织</td><td>500</td><td>50</td></tr>
</table>

2. 教学中接触电离辐射的剂量限值

标准中把教学中使用源区分为一般教学和放射专业教学用源，类似地，区分学生为放射专业与非专业，对放射专业学生，剂量限值遵守放射职业人员的防护条款；非放射专业的，教学过程中的全身年有效剂量当量不应大于 0.5 mSv（0.05 rem），其他单个器官和组织的年剂量当量不应大于 5 mSv（0.5 rem）。

5.4.2　导出剂量限值

导出剂量限值是指为了辐射防护工作的实际需要，根据适合某种情况的一定模式，由基本限值导出的限值。

1. 放射性核素年摄入限值及空气和食入的导出浓度

表 5-4 列出常见放射性核素年摄入量限值（ALI）对应的空气和食入导

出浓度。公众中成人的 ALI 值可取放射职业人员 ALI 值的 1/10，当长期接受照射时取 1/50。

（1）空气导出浓度（DAC）。计算条件如下：放射职业人员按 40 h/W、50 W/a、吸入空气量 0.02 m^3/min 计算，即

$$DAC=ALI/(40\times50\times60\times0.02)=ALI/(2.4\times10^3)(Bq/m^3) \quad (5-3)$$

公众成员每年按 8 760 h 计算，即

$$DAC=ALI（放射职业人员）/(1.051\,2\times10^5)(Bq/m^3) \quad (5-4)$$

（2）食入导出浓度（DIC）。包括食物和饮水，按每天食入量 2.2 kg 计，即 DIC 值×2.2 kg，得出日食入活度；食入活度仅用于公众；导出浓度只是为了设计、管理和测量方便而给出的，防护评价时，仍以年摄入量为准。

表 5-4　常见核素年摄入量限值对应的空气、食入导出浓度

核素	工作人员			公众	
	食入 ALI/Bq	吸入 ALI/Bq	吸入 DAC/(Bq/m^3)	食入 DIC/(Bq/kg)	吸入 DAC/(Bq/m^3)
^{40}K	9.9×10^6	1.5×10^7	6.2×10^3	1.2×10^3	1.4×10^2
^{54}Mn	6.9×10^7	3.4×10^7	1.4×10^4	8.6×10^3	3.3×10^2
^{56}Mn	2.0×10^8	5.7×10^8	2.4×10^5	2.5×10^4	5.4×10^3
^{57}Co	2.8×10^8	1.8×10^8	4.3×10^4	3.5×10^4	9.7×10^2
^{60}Co	1.9×10^7	6.3×10^6	2.6×10^3	2.3×10^3	6.0×10^1
^{65}Zn	1.3×10^7	1.0×10^7	4.2×10^3	1.6×10^3	9.5×10^1
^{90}Sr	1.2×10^6	6.8×10^5	2.9×10^2	1.5×10^2	6.5×10^6
^{90}Y	1.9×10^7	2.5×10^7	1.0×10^4	2.3×10^3	2.4×10^2
^{106}Ru	7.0×10^6	3.3×10^6	1.4×10^3	8.8×10^2	3.1×10^1
^{106m}Ru	3.1×10^8	9.4×10^8	3.9×10^5	3.8×10^4	8.9×10^3
^{110m}Ag	1.7×10^7	4.8×10^6	2.0×10^3	2.1×10^3	4.6×10^1
^{131}I	1.0×10^6	1.7×10^6	7.2×10^2	1.3×10^2	1.6×10^1
^{132}I	1.3×10^8	2.9×10^8	1.2×10^5	1.6×10^4	2.8×10^3
^{134}Cs	2.5×10^6	4.0×10^6	1.7×10^3	3.1×10^2	3.8×10^1
^{137}Cs	3.7×10^6	5.7×10^6	2.4×10^3	4.6×10^2	5.5×10^1
^{140}Ba	2.2×10^7	5.2×10^7	2.2×10^4	2.7×10^3	4.9×10^2
^{144}Ce	7.6×10^6	9.4×10^5	3.9×10^2	9.4×10^2	8.9×10^0
^{241}Pu	1.2×10^7	9.8×10^3	4.1×10^0	1.5×10^3	9.3×10^{-2}
^{241}Am	4.5×10^4	2.0×10^2	8.3×10^{-2}	6.2×10^0	1.9×10^{-3}

2. 放射性表面污染控制量

放射性表面污染控制量或控制水平是指为了控制人员体表、衣物、器械及场所表面的放射性污染而规定的限值，区分工作场所与运输中装有放射性物质的容器外表面。

（1）放射职业人员的体表、衣物及工作场所设备、墙壁、地面等表面污染水平列于表 5-5 中。

表 5-5 放射性物质污染表面导出限值

污染表面	α 放射性物质/（Bq/cm^2）	β 放射性物质/（Bq/cm^2）
手、皮肤、内衣、工作袜	3.7×10^{-2}	3.7×10^{-1}
工作服、手套、工作鞋	3.7×10^{-1}	3.7×10^{-0}
设备、地面、墙壁	3.7×10^{0}	3.7×10^{1}

（2）运输中，装有放射性物质的容器污染表面的导出限值列于 5-6 中。

表 5-6 放射性物质容器污染表面导出限值

污染表面	α 放射性物质/（Bq/cm^2）	β 放射性物质/（Bq/cm^2）
装有放射性物质的容器表面	3.7×10^{-1}	3.7×10^{0}

5.5 应急人员的防护

核事故应急响应人员（简称应急人员），这里主要是指核与辐射突发事件中现场担负各种应急响应任务工作人员的统称。核与辐射突发事件发生后，针对事件实际情况，各应急组织及应急人员通常按照预先制定的应急预案和响应程序实施应对措施。应急人员将迅速到达核与辐射突发事件现场，开展应急救援工作，搜救生命，并努力将事件可能造成的生命和财产等损失降到最低限度。核与辐射突发事件有多种类型，大如核电厂严重事故，小如单个小型放射源意外事件。不同核与辐射突发事件所造成的危害、影响范围及导致的后果差别很大，所涉及的放射性核素往往多种多样，可能是液体、固体、粉末（气溶胶）和气体等多种状态，毒性及对健康影响也有较大差别。因此，应急人员既可能受到单一某种辐射（如纯外照射作用），也可能同时受到外照射、内照射及体表放射性污染等多种辐射作用。对于核电厂而言，应急人员大多是厂内原本就从事放射性工作的职业人员。但是，在参加核事故应急响应行动的应急人员中，也会有相当数量、原本不从事放射性工作的非职业人员，如消防员、公安、武警、医疗、卫生、交通与物资供应以及生活服务保障等人员，他们中大多数人可能未接受过辐射防护尤其是应急防护方面的培训。

5.5.1 防护的基本要求

为了在保证完成核应急任务的前提下，更有效地保护应急人员的安全，各应急组织及应急人员应当遵守以下现场防护的基本要求。

（1）各级各类核应急管理单位和核应急救援组织应当对所有现场应急人员进行关于核辐射基本认知、辐射防护基本方法、核事故条件下辐射防护措施、自救互救及心理疏导等方面的培训。

（2）在进入放射性污染区（或空间）或可能会受污染区（或空间）前，担负现场应急人员辐射防护的技术负责人应当根据上级指挥机构、现场监测组织、环境监测组织和先期到达现场的其他应急人员（如警察、消防员、撤出人员和救护车司机等）得到的有关放射性污染分布、照射途径、各类放射性核素数量及其物化形态等信息，尽可能详细了解任务地域的辐射水平分布概况、道路情况及气象水文条件等制定应急人员辐射防护措施需考虑的因素。

（3）进入放射性污染区（或空间）之前，应当明确应急人员的允许受照剂量，初步估算进入污染区的时间、允许停留时间和撤离污染区的时间，以确定应急人员在作业地域（或空间）的预期剂量、可能造成的伤害及远期效应风险；如有必要，应急人员应当服用预防药物。

（4）如果条件允许，现场每个应急行动班组应当配备便携式γ辐射监测仪器和便携式α、β表面污染监测仪器，在进入污染现场后，使监测仪器保持工作状态，随时监测作业地域（或空间）的环境γ辐射水平、污染水平及分布情况，注意周围环境γ辐射水平的变化，尤其注意辐射水平分布不均匀的“热点”。

（5）如果条件允许，在高出环境本底水平的地域（空间）实施应急任务时，每个应急人员应当佩戴热释光（或光释光）剂量计，现场每个遂行单项应急行动的班组应当至少佩戴一个电子直读式个人剂量报警仪，定时记录每个应急人员的累积剂量，随时检查电子直读式个人剂量报警仪读数，掌握个人所受外照射剂量，以确定撤离污染区的时间，避免人员所受外照射剂量超过相应的控制量。

（6）担负现场应急人员辐射防护的技术负责人应当根据执行不同应急任务人员对应的外照射控制量（参见第6.3节）来制定有效的防护措施；非经现场应急指挥人员或领导批准，执行特定应急任务人员的外照射剂量值不应当超过相应应急行动对应的剂量控制量；确因任务紧迫或必需，当应急人员外照射剂量超过对应控制量之后，不应当在此次核事故应急中再次接受照射。

（7）进入污染区（空间）作业时，根据可能的受照剂量估计值，必要时应急人员应当服用内照射防治药物，例如服用稳定碘片可以有效减少甲状腺摄入放射性碘；类似地，根据作业现场的污染水平，必要时应当适度穿戴适用的个人防护装具，虽然现有防护服对γ射线外照射防护效果十分有限，但是穿戴防护眼镜、防护面罩（口罩）、防护服、手套、防护鞋（靴）或鞋套等个人防护装具，能有效防止皮肤受到 β 射线灼伤和空气中放射性灰尘进入人体。

（8）在污染区（空间）作业时，如果条件允许，应急人员或作业班组应当至少携带个人清洗液、干/湿无纺布、塑料布和伤口包扎敷料等个人洗消和医学急救物品；作业动作应当迅速、准确、熟练，尽可能缩短作业和污染区（空间）停留时间；通过污染区时，尽可能乘坐有篷车辆以缩短通过时间；一切行动和车辆行驶应当避免扬尘，车辆通过污染区时，根据交通情况而适当增大车辆之间距离；在污染区内，禁止随地坐卧、吸烟，不得随意接触受污染物品，尽量不要吃东西、饮水，避免用手触碰口、鼻和眼等面部器官，确需进食或饮水时，应当先采用清洗液或干/湿无纺布清洁手部和面部，铺设塑料布，避免体表污染。

（9）撤离污染区后，应急人员应当在污染区边界进行简易的污染消除，到达洗消站点，进行污染监测和彻底洗消；应当在撤离污染区后的一天内尽早进行体内污染或内照射监测，并采取相应的医学处理。

（10）在整个核应急行动中，应急人员应当具备心理防护能力，保持良好的心理素质和承受能力；能有效调整情绪，能通过加强沟通、互相协助，尽快适应非常规条件下的新环境、新任务和新要求。

5.5.2 个人防护器材

突发事件类型和规模多种多样，针对核电厂严重核事故，应急人员的个人防护装备主要包括防护眼镜、呼吸道防护器材、防护服、防护手套、防护鞋（靴）（或鞋套等）和人员洗消用品等。

5.5.2.1 防护眼镜

核应急人员佩戴防护眼镜的主要目的：一是防止眼睛因受 β 射线造成灼伤；二是防止眼部皮肤受到放射性污染。

根据外形不同，防护眼镜分为普通型、带测光版型、开放型和封闭型四种，图 5-1 所示为这四种防护眼镜外观结构。根据功能不同，表 5-9 列出常用防护眼镜分类、所用材质及代号。

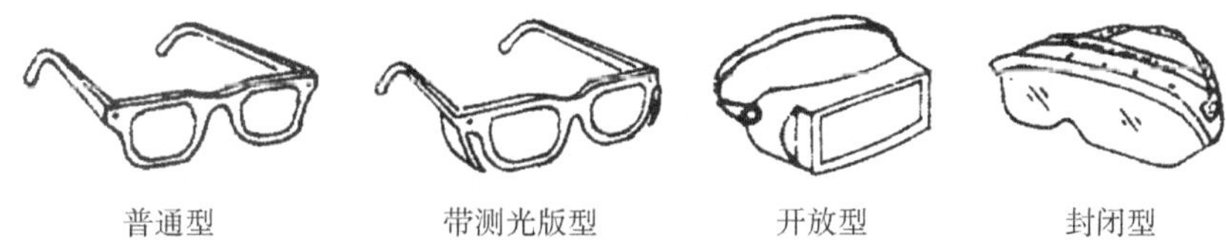

图 5-1　防护眼镜外观结构示意

目前，根据功能不同，常用防护眼镜可分为普通防护眼镜和特种防护眼镜。其中，普通防护眼镜主要用于防护各种机械加工、铸造等工种工作时易产生的机械性损伤，同时防护在酸碱作业、化验和采样等工作中的酸碱灼伤，对风沙中和行进中的作业人员有防异物进入眼睛的作用，镜片通常由普通光学玻璃制成。特种防护眼镜根据不同的功能又可分为以下几种：

（1）防紫外线眼镜，在光学玻璃内熔入吸收紫外线的化学物品，对可见光线、紫外线吸收率高，防护紫外线对使用者眼部的伤害，现已有液晶制成的电焊镜，遇强光可在 0.001～0.002 s 瞬间变黑，保护焊接作业人员不发生电光性眼炎；

（2）防射线防护镜，在光学玻璃中加入铅，可防护射线对眼睛的损伤，用于 X 射线、γ 射线和 β 射线等辐射源应用的作业人员；

（3）防激光镜，外形为风镜式，镜片激光眼镜有反射型、吸收型、反射吸收型、爆炸型、光化学反应型和变色微晶玻璃型等多种类型，主要用于防不同光源产生的强激光；

（4）微波防护镜，在光学玻璃外表面加上一层极薄的氧化亚锡金属粉，用于保护从事微波作业人员的眼睛；

（5）耐高温防护镜，镜片由耐高温玻璃制成，能吸收部分红外线，用于冶炼作业的炉前工、司炉工、锻工、看火工、铸工和玻璃工等。

表 5-7 防护眼镜分类及代号

防护分类		滤光片材质代号		
名称	代号	玻璃	塑料	镀膜
防辐射光（焊接、炉窑）	FS	B	—	—
防太阳	TY	B	S	M
防冲击	CJ	B	S	—
防激光	JG	B	S	M
防微波	WB	B	—	M
防射线	SX	B	—	—
防烟尘	YC	—	S	—
防化学飞溅物	XY	—	S	—

目前常用的防射线眼镜有防 X 射线眼镜、防中子眼镜和有机玻璃眼护罩等。其中防 X 射线眼镜由含铅玻璃片和镜架组成，有的眼镜侧面还有小型铅皮玻璃镜片安装框，既可以屏蔽来自正面的放射线，也能阻挡部分来自两侧的散射线，防中子眼镜主要用于油田作业人员测井时防护中子照射，由含硼透明树脂板制成的镜片和镜架组成。通常，防射线眼镜的镜片厚约 5.1mm，对白光透过率约为 90%，对中等能量 γ 射线屏的衰减率约 15%，防护效果较为有限，但是用以防止 β 射线对人眼的伤害十分有效。

5.5.2.2 呼吸道防护器材

应急人员常用呼吸道防护器材包括口罩、面罩、军用防毒面具和正压式呼吸器等，一方面用以防止吸入放射性灰尘、有毒有害气体；另一方面也能防止面部受到放射性污染。

（1）口罩。目前，口罩种类较多，常见口罩类型包括医用防护口罩、医用外科口罩和其他医用护理口罩（如一次性医用口罩）等。表 5-8 列出上述三类口罩技术要求的依据标准及对非油性颗粒物的过滤效果。可见，医用防护口罩对非油性颗粒物进入呼吸道的过滤效果最好，其次是医用外科口罩；医用外科口罩的外观与普通医用护理口罩十分相近，主要区别在于，前者具有防水性，且对非油性颗粒物的过滤效率有一定要求，医用护理口罩主要用于过滤口腔和鼻腔发出飞沫（直径范围 1～5 μm）携带的病菌。

表 5-8　常见医用口罩技术要求依据标准及防非油性颗粒物的过滤效果

类型	外观图	依据标准	过滤效果
医用防护口罩		《医用防护口罩技术要求》（GB 19083—2010）	非油性颗粒物过滤效率： 1 级≥≥性颗； 2 级≥≥性颗； 3 级≥≥性颗粒物过
医用外科口罩		《医用外科口罩》（YY 0469—2011）	细菌过滤效率（BFE）≥≥E 滤； 非油性颗粒物过滤效率（PFE）：≥≥颗
医用护理口罩		《一次性使用医用口罩》（YY/T 0969—2013）	细菌过滤效率（BEF）：≥≥滤； 非油性颗粒物过滤效率：无要求

需要说明的是，目前测试口罩非油性颗粒过滤效果（PFE）时，大多采用 NaCl 气溶胶（中位径大小约为 75 nm±20 nm，和病毒接近），绝大多数细菌直径约 0.5 μm、长度范围为 0.5～5 μm。因此，应急人员佩戴上述三种医用口罩，对核事故释放的气溶胶均有较好的过滤效果。

此外，少数应急组织可能仍使用纱布口罩，表 5-9 列出常见纱布口罩对微尘（粒径 0～100 μm）的防护效果，可见纱布口罩对微尘的防护效果较医用口罩差一些，但是对于放射性气溶胶，仍具有呼吸道防护作用。

表 5-9 常见纱布口罩对微尘的防护效果

类型	过滤效果/%
6 层纱布	72
2 层纱布夹 2 层毛巾	77～85
2 层纱布夹 2 层军布	80
2～4 层纱布夹棉花	85～95

（2）半面罩呼吸器与多功能过滤全面罩。半面罩呼吸器对毒气和火灾产生的烟雾也有一定防护作用，半面罩呼吸器一般采用高级硅胶材料，亲肤，密封性较好，有三点式固定卡扣适配设计和头戴组合双头带设计。选择适用的半面罩呼吸器能对粉尘、烟和油雾颗粒进行过滤，可达到保护呼吸道的目的。与半面罩呼吸器相比，多功能过滤全面罩增加了防目屏，除具有与半面罩呼吸器一样的功能之外，还可达到对眼部的安全防护。

（3）正压式空气呼吸器。正压式空气呼吸器是一种自给开放式空气呼吸器，对空气具有良好的过滤和供给作用，核事故发生时，主要用于事发地及周围工程抢险与消防搜救人员或被救人员的防护，能在核事故后充满浓烟、毒气、蒸汽或缺氧的恶劣环境下保证佩戴者吸入相对干净的空气。

5.5.2.3 防护服

防护服是指针对职业场所中容易发生的某种危害因素而具有一定防护功能的个体防护服装。根据所处环境危害因素的不同，防护服分物理因素防护、机械因素防护、化学因素防护、生物因素防护、放射性因素防护等类别，常见品种包括阻燃服、森林防火服、防静电服、电磁屏蔽服、电弧防护服、电焊防护服、防切割服、隔离服、推进剂加注服、防化服、防酸防碱服、防虫服、抗浸服、X 射线防护服、防中子服和防氚服等。使用防护服装的主要目的首先是保护职业人员避免急性工伤事故，其次是保护职业人员避免发生慢性积累的职业病，还要对作业对象发挥重要保护作用，例如在超净工作室穿着防静电工作服，主要目的就是保护微电子产品、微生物产品和药品的质量安全。

防护服的保护功能主要体现：高/低温防护、防风、防水、生理舒适性、抗菌、防火、隔热、化学防护、防毒、防射线伤害、抗冲击、耐压和抗静电等方面。此外，对于应急人员而言，复杂救援环境除对防护服装面料有较高要求外，还要求防护服装在黑暗或光线昏暗的环境下具有良好的辨识性，因此应当在应急人员穿着的防护服装上附着反光材料，且反光材料也应当具有阻燃性能和耐热性，在高温条件下不熔化、不碳化、不脱落和滴流，通常将反光材料附着于防护服的胸部、手臂和腿侧等部位。

针对核事故应急救援行动，可选用防护服主要包括轻便放射性污染防护服、防中子防护服、核应急专用防护服、有害微粒防护服和军用防毒服等。其中轻便放射性污染防护服、有害微粒防护服和军用防毒服主要用于防止皮肤受到放射性污染，核辐射防护服除用于防止皮肤受到放射性污染外，对低能γ射线（能量小于100 keV）、X射线也具有一定外照射防护作用。

（1）轻便放射性污染防护服。过去基本采用致密编织的棉质衣料制成；近些年出现了可用于防放射性灰尘的防护服，例如采用 Tyvek 涂层材料，对放射性污染具有较好的防护作用；防氚专用防护服，所用材料为两面采用 CPE/EVA/PVDC（Saran）/EVA 共聚物进行涂层的涤纶材料，也有采用非制造布的 Saran/CPE 涂层材料或无基布材料。

（2）防中子防护服，通过离子交换吸附、共混纺丝等方法，将硼元素的化合物引入织物，使普通聚合物纤维织物中的硼元素含量达到可以对低能量的中子射线具有良好的慢化吸收作用的程度，使透过织物的中子辐射剂量降低到原来的20%。

（3）核应急专用防护服。多采用含铅、钨等重金属或金属化合物材料，防护效果与重金属含量及材料厚度相关，通常用铅当量厚度（防护材料换算为具有相同防护效果铅的厚度）来评价其外照射防护效果。目前，国内一些单位也进口了型号为DEMRON的核辐射防护服，所有材料为含金属钽的纤维，用以屏蔽γ射线，欲达到外照射防护目的。表5-10列出DEMRON核辐射防护服对不同能量γ射线的衰减或吸收效果，可见DEMRON核辐射防护服对低能γ射线、X射线（平均能量50 keV）和β射线有较好的外照射防护效果，但是对放射性核素产生的较高能量γ射线，屏蔽效果十分有限，对铯-137（^{137}Cs）发出能量为662 keV的γ射线，且此类防护服配套有防护面具、防护手套和防护靴，较笨重（约4 kg），穿戴此防护服作业时会影响动作灵活性、降低行动速度。因此，对于核事故释放核素产生的γ射线，各核应急专业救援队需要结合自身承担任务的特点，尤其针对工程抢险类可能带来应急人员较大外照射剂量的情况，有必要研发定制一些屏蔽体，加装于专业车辆或装备，在作业时有效减少应急人员外照射剂量。

表5-10 DEMRON辐射防护服对不同能量X射线、γ射线及β射线的衰减或吸收效果

射线类型	能量/keV	阻挡/吸收率/%
X射线	50（平均能量）	≥75
X射线	100（平均能量）	≥60
γ 射线	662	～1
γ 射线	1.25（平均能量）	≤1
β 射线	2 270（最大能量）	75

由5-10可知，即使是专业核辐射防护服，也仅对X射线、β射线和低能γ射线有较好的外照射防护效果。但是对中能以上γ射线的防护效果十分有限，作业时穿戴此类防护服反而会影响行动速度。因此，对放射性核素产生γ射线的屏蔽，应采用具有足够厚度的高原子序数屏蔽材料。

（4）有害微粒防护服。原本用于工作于铅尘土、喷涂或类似涉及微细有害物质的工作领域，这类服装通常由非织造材料制成，也有采用机织涤棉混

纺、棉或涂层材料的。现常用面料包括：①未涂层 Tyvek（由高密度聚乙烯纤维制成）；②Kimberly Clark 的 3 层纺粘—熔喷—纺粘 Olefin 织物 Kleen Guard；③混杂的非织造材料如纺粘 Olefin。这些材料制成的防护服对放射性灰尘具有良好的防护效果，如用涂层或粘叠 Tyvck，以及聚乙烯熔融纺丝制成的非织造布防护服对平均直径 0.12 烯熔的石棉尘可阻隔 99%以上，对农药超微粉尘的遮隔在 97%以上。通常有害微粒防护服作为一次性防护服使用。

5.5.2.4 防护手套

防护手套常用材质有天然橡胶、丁腈胶、PVC 和天然乳胶、人造革、布料、功能面料、某些动物皮、特制金属、塑料和某些化工材料等原料。根据用途不同，防护手套可分为生活用保护手套与职业用防护手套两类，这里简要介绍常见的职业用防护手套。

（1）放射性污染防护手套。其中用于 α、β 放射性污染的防护手套，多采用天然乳胶制成；用于 ^{3}H 污染的防护手套，通常采用防氚水渗透的丁基胶复合材料；用于防医用 X 射线或低能 γ 射线的防护手套，通常采用含铅的多层材料制成。目前，国家标准《手部防护　电离辐射及放射性污染物防护手套》（GB 38452—2019）已对电离辐射及放射性污染物防护手套提出明确要求，以保护穿戴者手部免受作业区域电离辐射及放射性污染物危害，并要求厂家必须给出手套的耐摩擦性、耐切割性、耐撕裂性、耐穿刺性等机械性能指标。

（2）医用手套。所用材质主要有乳胶、丁腈、聚乙烯（PE）手套和聚氯乙烯（PVC）手套，通常为一次性手套以避免交叉感染，对手指触感要求较高。相比乳胶材质，丁腈材质的医用手套舒适和贴合度较高。

（3）线手套。防滑耐磨、穿戴舒适、透气、柔软，适合长时间无油作业的手部安全防护。

（4）PVC 颗粒防滑手套。运用 PVC 点胶工艺，手指手掌均匀布满，点塑防滑耐磨、弹性好、结实耐用、不易变形。

（5）PVC 麻面颗粒防滑手套。掌部 PVC 防滑颗粒，出色的止滑性能，耐酸碱，无渗透、发黏、龟裂、硬化现象，优异的耐老化性能、杰出的机械性能。

（6）耐油手套。有效隔离油污、防水、耐油、抗腐蚀、耐拉扯韧性好。

（7）绝缘手套。天然橡胶制作，优良的回弹性、绝缘性、防水性、舒适耐用，安全可靠， 电工电力配电房防触电带电作业。

（8）焊接手套。耐磨、耐高温、隔热，有效防止火星飞溅造成缝纫线断裂，使用寿命长。

（9）消防手套。外层具有阻燃、耐酸碱、抗油污等性能，里衬采用多层面料，具有隔热、阻燃、舒适、防水透湿功能。

除上述手套外，职业防护手套还有化学防护手套、防水手套、防毒手套、防震手套、防切割手套、防微波手套和防寒手套等。结合核应急人员的具体作业行动和作业时机，这些手套以及一些生活用保护手套和军用防毒手套均可用于核应急人员的皮肤防护。例如家政用乳胶和丁腈手套，前者具有良好弹性和抗磨损性能，后者则具有一定耐油性和耐酸碱腐蚀性，且两种手套可多次使用且价格相对较低；化学防护手套用乳胶、PVC、丁腈、丁基合成橡胶和氯丁橡胶等多种合成材料制成，具有良好的防渗透和防酸碱性。

综上可见，除一些含铅放射性污染防护手套对医用 X 射线、低能 γ 射线具有一定防护效果外，其他防护手套对医用 X 射线、低能 γ 射线的防护作用十分有限，但是对防止皮肤沾染 α、β 放射性核素均具有良好效果，即便是线手套（除非遇到液、气态污染物），防护效果也在 80%以上。防护手套材质、用途多种多样，各应急组织和应急人员需根据承担的核应急任务，区分作业类别、作业场所和作业季节等多种因素，在合适时机选择适用的防护手套。

5.5.2.5 洗消与伤口包扎用品

在条件允许情况下，核应急人员进行救援任务时，还应当配备以下人员洗消与伤口包扎物品：

氢氧化钠溶液（NaOH，5 %）、亚硫酸氢钠溶液（$NaHSO_3$，5%）、稀硫酸（H_2SO_4，0.1 mol/L）、饱和高锰酸钾溶液、稀盐酸（HCl，0.1 mol/L）、去除伤口和皮肤污染的消毒剂、无菌蒸馏水、无菌洗眼液、外科棉签、鼻拭子、遮蔽胶带、标记笔、软毛刷子、石蜡砂布敷料、指甲刷、鼻腔导液管、头发剪子、刮胡刀、肥皂和刷子等。

对于上述人员洗消及伤口包扎物品，均应当确保在制造商标明有效期之内，进行定期盘点、核对，并及时更新；核应急行动班组行动前的储备量应当至少满足本组 3 d 的用量。

5.5.3 防护措施

5.5.3.1 外照射防护措施

1. 尽可能缩短污染区的停留时间

在保证完成核应急任务的前提下，担负现场应急人员辐射防护的技术负责人、核应急救援队、核应急行动作业班组与核应急人员本人均应当严格控制在放射性污染区（空间）的容许停留时间，尽早撤离污染区，必要时可采用轮班作业方式，控制个人受照剂量；当通过污染区时，监测环境辐射水平，结合应急任务要求，选择污染程度较轻及道路相对平坦，乘车快速通过；利用无人装备完成污染程度较重地域的任务。

2. 推迟进入污染区时间

除外救援任务紧迫或响应行动具有重大意义，否则应急人员可适当推迟进入污染区的时间，利用放射性核素的自然衰变来减少应急人员的外照射剂量。

3. 充分利用各种屏蔽物

应急人员在作业时，应充分利用任务地域的建筑物、车辆、装备或其他设施，减少个人外照射剂量；各核应急专业救援队也应结合自身承担任务的特点，尤其针对工程抢险类可能带来应急人员较大外照射剂量的情况，研发定制一些屏蔽体，加装于专业车辆或装备，以有效降低作业时应急人员的外照射剂量。

4. 清除周围放射性污染物

当应急行动耗时较长，且判明周围污染物较易清除时，可在行动前快速移除周围较严重的放射性污染物，然后实施应急行动，从而减少应急人员外照射剂量。

5. 使用预防核辐射损伤药物

确因任务紧迫、应急行动意义重大而需进入较严重污染区，且受照剂量可能超过＞500 mGy时，应急人员可预先或在受照早期使用外照射损伤预防药，以减轻急性放射病损伤，常用外照射预防药物、使用时机和用量如下：

（1）盐酸胱胺。对于γ射线，能明显减轻急性放射病损伤，但是对中子损伤的防护效果较低；通常在照射前 1～2.5 h，每次口服 1 g，必要时可隔天再次服用 1 次，不可连续服用；少数服药者会出现胃部不适，个别人可能出现轻微腹泻，但是不影响工作。

（2）抗“110”。对于γ射线，能减轻急性放射病损伤；通常在照射前 1～9 h 肌肉注射，其中用药后 2 h 作用防护效果最佳，照后用药无效；每次剂量 150～300 mg，需要可每日注射 1 次，连续用药；需室温或低温避光保存；副作用小。

（3）“500”注射液。能促进受照后骨髓造血干洗本增殖分化和粒细胞释放，副作用小，有效时间长，对于γ射线，照前预防和照后早期治疗都有较好效果，能有效预防和治疗急性放射病损伤；通常在照射前 15 d 至照后 1 d 内肌肉注射，以照前 6 d 内用药效果较好，照前、照后结合使用，可提供疗效；使用前需充分摇匀，每次剂量 5～10 mg。

（4）“523”片。能升高白细胞，改善微循环，促进造血功能恢复，减低白细胞下降程度，长效，副作用较小，对于γ射线，照前预防和照后早期治疗均有效；预防急性放射病时，于照前 2 d 至照前即刻 1 次口服 30 mg，治疗急性放射病时，于照后 1 d 内尽早口服 30 mg，照前预防和照后治疗结合，于照前 2 d 至照后即刻口服本药 20 mg，照后 1 d 内再服本药 10 mg；多次给药时，一次 30 mg，每月不超过 2 次。

（5）“408”片。能减轻自由基对生物大分子的损伤，抑制包括造血细胞在内的生理更新率高的细胞增殖，降低细胞的代谢，增强断裂染色体自发再接能力，促进部分受损细胞的恢复，使受照射的骨髓细胞加速成熟和释放，提高外周血白细胞水平，改善微循环，增加血流量，改善造血组织的能量供应和代谢；照后早期用药，每次口服 300 mg，每隔 2～3 d 口服 1 次，用药次数以 3～5 次为宜；副作用主要表现为口干、轻度胃部不适。

（6）安定。主要用于患者受照后早期出现烦躁不安或失眠；口服或肌肉注射，必要时 5～10 mg/次；有嗜睡、便秘等副作用，大剂量用时，可发生共济失调、尿闭、乏力、头痛、粒细胞减少，易产生耐受和成瘾，肝、功能减退者及老年人慎用。

（7）消呕宁。主要用于照射后早期呕吐的防治；口服，照后 3 d 内，30 mg/次，2～3 次/d。

（8）复方丹参片。照射后早期能改善微循环；照后 3 d 内，3 片/次，2～3 次/d。

应指出，对上述外照射预防药物，应当在专业医生的指导下并确认预期剂量很可能超过 500 mGy 时，方可使用。

5.5.3.2　体表污染防护措施

1. 适度穿戴个人防护装具、充分利用周围遮蔽物

（1）放射性灰尘正在沉降时，如果应急人员处在较严重污染区，宜穿戴防护效果较好的防护服、佩戴全面罩型防护面具，以避免皮肤裸露而受到放射性污染，防止皮肤因 β 射线照射而受损，并在一定程度上削弱 γ 射线的外照射；如果应急人员处在轻微污染区，可穿戴类似防有害微粒的轻便防护服，以防止皮肤表面出现放射性污染，对防止内层服装受到污染也具

有良好的防护效果。近些年，出现了用于专门防放射性污染的防护服，一般采用进口高性能纤维混纺面料，以国产防水透气材料为夹层，对放射性污染具有较高防护作用；为了避免沉降中的放射性灰尘或有害物质落到人体表面，可将军用核生化防护毯折成“A”形盖在头顶，也具有良好的体表防护效果。

（2）放射性沉降结束后，处在轻微污染区的作业人员，应穿戴轻便防护服或成套的放射职业人员个人防护用品［帽罩、口罩、手套、鞋套或长筒靴（或高腰靴）等］；在没有轻便防护服时，应扎紧领口、袖口和裤口（扎三口），防止皮肤暴露，并充分利用毛巾和手套等物品，防止体表裸露；也可利用帐篷和核生化防护毯等进行遮蔽。

（3）近距离处置密闭放射性物料时，如条件允许，应佩戴防辐射眼镜，以减少或避免射线对眼睛的照射。

（4）利用就近建筑物或设施、车辆或其他器材设备等，避免或减轻体表污染。

2. 及时进行表面污染监测，尽早消除体表及携带器材的污染

在条件允许情况下，应及时对在污染区遂行应急任务的应急人员及携带器材进行表面放射性污染监测，当发现体表、携带器材，尤其伤口受到污染时，应遵循尽早、尽快消除的基本原则，可利用携带的洗眼液、冲肤液，对准眼部或面部进行净化冲洗，或利用未受污染的净水消除表面污染，达到体表防护目的；也可利用可获得的器材对体表及携带器材的表面污染进行简易消除，表 5-11 列出几种现场简易洗消方法对清除手部放射性污染的效果，可见这些方法对消除体表污染效果是明显的；对伤员体表及伤口的洗消，应根据伤情而定，洗消应服从伤情，对重伤员，应先抢救后洗消。

表5-11　常见简易洗消方法清除手部污染效果

洗消方法	清除效果/%
毛巾干擦	65
湿毛巾擦拭或清水洗	90
肥皂水洗	>95

应急人员体表污染洗消可分为局部洗消和全身洗消两种方法。

一般在污染区内下列情况下宜选择局部洗消：①作业间隙；②伤员；③局部污染且不具备全身洗消条件。

当应急人员撤离污染区后，则应尽早进行全身洗消，全身洗消的基本步骤如下：

（1）对服装进行污染监测，脱去服装后，进行体表污染监测，注意发现污染严重部位。

（2）温水淋浴冲洗，加用肥皂，洗消顺序：先上后下、先轻后重（污染部位），并注意腔隙部位（鼻孔、耳道等）的清洗。也可选择无污染的自然流动水源进行洗消。

（3）洗消后，再次进行体表污染监测，以确定已符合要求，并尽量达到本底水平。

（4）当局部污染较重、经常用洗消方法，仍达不到要求者，可用特定洗消皂（如络合剂配置的肥皂）或其他洗消剂进行洗消。

（5）对于伤口污染的清除，应当与外科处理相结合，例如采用外科扩创方法。

5.5.3.3　内照射防护措施

如前所述，放射性核素主要通过呼吸道、消化道及皮肤伤口进入人体，因此防止应急人员受到不必要内照射的主要措施就是切断放射性核素进入人体的途径，即采取呼吸道防护、防止食入放射性污染食物（或饮水）及裹敷创面以保护伤口等。

1. 预先采取有效的呼吸道防护

在核事故条件下，释放到大气的放射性核素多以气溶胶（粒径范围0.01～100 μm）方式通过呼吸道进入人体，少量核素以气体分子形式（^{3}H、^{14}C 和放射性同位素 I 等）进入人体，因此对呼吸道的防护，主要方法是佩戴适用的呼吸道防护器材。

当放射性灰尘沉降基本结束，进入轻微或中等污染区（或空间）活动的应急人员，可在进入该区域前即佩戴医用口罩；在有或可能有放射性气体或尘埃颗粒的环境作业时，可佩戴半面罩呼吸器，这类半面罩呼吸器对毒气和火灾产生的烟雾也有一定的防护作用，选择适用的半面罩呼吸器能对粉尘、烟、油雾颗粒进行过滤，可达到保护呼吸道的目的；与半面罩呼吸器相比，多功能过滤面罩增加了防目屏，除有与半面罩呼吸器一样的功能之外，还可达到对眼部的安全防护；放射性灰尘正在沉降时，应急人员处在下风向地域执行应急任务，或进入严重污染区域执行紧急任务，可选佩戴防毒面具，一方面过滤放射性灰尘，利用具有吸附能力的滤芯过滤气态放射性核素，更好地保护呼吸道；另一方面保护眼睛和面部皮肤免受放射性落下灰的污染、照射；当应急人员进入严重污染区，且可能存在其他有毒有害气溶胶或气体，或充满浓烟、毒气、蒸汽或缺氧等恶劣环境时，则应佩戴正压式空气呼吸器，并与防毒服、防辐射眼镜等个人防护装具配套穿戴。

佩戴半面罩呼吸器、多功能过滤面罩、防毒面具和正压式空气呼吸器的主要注意事项如下：

（1）所选面罩应大小合适，没有异常、变形、破裂、且外形完整。

（2）佩戴前，采用75%的乙醇溶液对面具进行擦拭消毒，并在眼窗上涂保明膏或装保名片，以保证眼窗透明度。

（3）进行严格的气密性检查，并在戴上后查看是否有漏气、憋气现象。

（4）离开污染区后，应在指定地点脱下面具，并防止污染面部。

2. 避免食入受污染食物

为了防止放射性污染物经口进入应急人员体内，在污染区内，应急人员应做到：

（1）防止携带的食物和饮水受到放射性污染。

（2）在污染区内严禁抽烟，尽可能不要进食，确需时应当选在轻微污染区或建筑物内。

（3）不能直接用手取食，进食前须先清洁手部。

（4）当不得已食用受污染食物、饮水时，应先对其进行污染监测，对受污染食物进行净化处理，符合要求方可食用。

3. 及时服用体内污染防治药物

使用防治体内污染药物的主要目的是阻止放射性核素在体内蓄积、减少胃肠道吸收和促进放射性核素从体内排出（具体要求及内容见《核应急医学救援》分册）。

5.6 应急情况下公众的防护

在核电厂严重核事故中，核应急人员也会承担指导公众采取辐射防护措施的任务，因此，应急人员应当掌握核应急条件下针对公众的应急防护措施及判定采取何种防护措施的时机。

在核应急条件下，针对保护公众的辐射防护措施可分为紧急防护措施和长期防护措施。事故发生后短时间内启动的紧急防护措施主要包括隐蔽、服用稳定性碘、撤离、控制进出口通道、呼吸道防护、个人防护、医学处理和人员去污等；较长期的防护措施主要包括临时性避迁、永久性重新定居、控制食品和饮水，以及消除建筑物和土地的放射性污染等。此外，对于核事故，与核辐射直接相关，但是核辐射无法直观感知，与核武器、核爆炸有着某种意义上的联系，使得许多公众对此类事故易产生显著的恐惧心理。因此，为了避免或减少核事故造成的社会心理影响，必要时，还需采取适当的心理援助措施，主要措施包括信息沟通、心理抚慰、心理咨询和心理治疗等。

何时何地采用哪种或哪几种防护措施，与核事故规模、进程、严重程度、波及人数、应急处置力量以及远期效应等诸多因素相关，需综合权衡利弊。表 5-12～表 5-14 分别列出核事故不同阶段放射性释放与照射特征、公众主要防护措施优先排序和不同照射或危害途径的适用防护措施。需说明，尽管表 5-12 列出核事故的阶段划分及典型时间段，但是实践中，并未严格规定，尤其事故阶段划分，往往与核事故规模、严重程度及应急处置力量充沛性紧密相关；类似地，防护措施的选取和实施也受到多种因素影响，需综合考虑多种影响因素，采取有效可行的公众防护措施。

表 5-12　核事故阶段划分、放射性释放与照射特征

阶段	典型时间段	放射性释放与照射特征
早期	事故发生最初几小时至 1 天	放射性持续向环境释放，未得到有效控制；放射性烟羽、地面放射性沉降物引起外照射、皮肤照射，以及因吸入引起内照射
中期	事故发生后几小时至几天或几星期	少量放射性向环境释放或释放基本停止，放射性泄漏得到有效控制；地面放射性沉降物引起外照射、皮肤照射，因污染食物、饮水摄入或再悬浮物吸入引起内照射
后期	事故发生后几天、几星期至数月甚至数年	放射性向环境释放基本停止或完全停止；公众受照射途径与中期基本相同，还可能因未受控食物、饮水引起内照射

表 5-13　核事故不同阶段防护措施及优先排序

防护措施	事故阶段		
	早期	中期	后期
隐蔽	***	**	*
服用稳定碘	***	***	*
撤离	***	**	*
避迁	*	***	**

续表

防护措施	事故阶段		
	早期	中期	后期
进出通道控制	***	***	**
呼吸道和体表防护	**	**	*
人员去污	**	**	**
区域去污	*	**	***
饮水和食物控制	**	***	***
医学处理	**	**	*

表 5-14　核事故不同照射/危害途径的适用防护措施

照射/危害途径	防护措施
由烟羽中核素引起外照射	隐蔽、撤离、出入通道控制
由烟羽中核素引起内照射	隐蔽、撤离、呼吸道防护、服稳定碘出入通道控制
由表面沉积污染和活化产物引起外照射	隐蔽、撤离、出入通道控制、去污
再悬浮引起体内污染	撤离、避迁、出入通道控制、去污
由自身污染引起体内污染	出入通道控制、去污
食入受污染的水、食物等引起内部污染	控制食物和水

5.6.1　隐蔽

隐蔽是指人员停留于（进入）室内，关闭门窗及通风系统，主要目的是减少空中烟羽中的放射性物质造成的吸入和外照射剂量，也能有效减少地面放射性沉降造成的外照射。

核事故早期，隐蔽在室内是一种简单、有效、最易实施，且风险、代价最小的一种的防护措施，可明显降低全身及皮肤外照射剂量，将外照射剂量减少 50%～90%。隐蔽的防护效果与人员所处建筑物的类型、结构、材料阻挡性能、所在具体位置及通风换气性等因素有关，通常窗户防护效果较弱，因此，人员应当尽量位于房屋中心位置或躲在距窗户较远的角落；相比建筑物地上部分，建筑物底层和地下室的防护效果更好；关闭门窗和通风系统或适当控制通风，可以使因吸入放射性物质所致内照射剂量减少约 90%。

核事故发生后，如果隐蔽时间过长，也会产生一些不利影响并提高代价，如医疗、食宿和公众情绪不安定，以及造成工农业生产损失等。

5.6.2 服用稳定碘

服用稳定碘片或碘化钾片，可以防止因摄入放射性同位素碘而造成的内照射。在事故早期，内照射主要来源为吸入，故此措施尤为重要。

甲状腺对放射性碘的吸收，随着个体年龄的不同而不同，服用碘片的效果与服用时间也密切相关。因此，应当保证公众在吸入放射性碘之前服用或吸入后马上服用。通常，对成年人，推荐的服用量为 100 mg（碘含量）；对孕妇和 3～12 岁儿童，服用量为 50 mg，3 岁以下儿童的服用量为 25 mg。

服用碘片的代价和风险相对较低，是事故早中期一种行之有效的防护措施，但是多数情况下不单独采用，常与隐蔽、撤离等措施同时实施。服用碘片对公众的危害表现主要是少部分人可能会有一些副作用（如甲状腺肿大、甲状腺的功能亢进或减退，轻度皮肤病反应，以及其他恶心、呕吐等）。在核应急准备中要随时配齐足够数量的碘片，保存于安全且易获得的各居民点，并按有效期定期更换。事故发生时，应当尽快将碘片发放到需服用的公众手中，以便在烟羽到来时服用。

5.6.3 撤离

撤离是指将公众从受影响区域紧急转移，以避免或减少来自烟羽或高水平放射性沉积物质产生的高照射剂量，该措施为短期措施。

撤离是指把公众从受影响区域紧急撤离到安全区域，主要目的是避免或减少来自放射性烟羽和地面放射性沉降的外照射，以及因吸入再悬浮物而造成的内照射危害。撤离是核事故早期使用的最高防护措施。

发生严重核事故时，在放射性烟羽到来之前，如果公众能及时从预期受到大剂量影响的区域撤离，基本可以避免或减轻大量放射性物质对公众造成的辐射危害。

如果放射性烟羽已经到来，则应先实施隐蔽，待烟羽过后再进行撤离；对于放射性释放已经发生，但预期事故还将继续发展甚至扩大情况下，则应尽早实施撤离。

实施撤离的难度较多，风险也较高。撤离涉及交通、通信和公众的动员、组织、安置，以及特殊人群（如老弱病残及服刑人员等）的管理等诸多因素，也会受事故及其源项演变和气象变化等不确定因素的影响。特别对于我国一些核设施所在区域的道路多半为沙石或泥土路，交通不很方便，加之周围许多居民对核事故认识相对较少，易产生恐慌心理，增加撤离的困难。

撤离的代价与事故发生的时间、撤离人数以及气象、安置点、交通等撤离区的自然与社会条件密切相关。因此，需要考虑撤离时间的长短、距离的远近、交通工具、人员安置、医疗保健、伤亡处置、个人财产损失，以及给工农商等行业造成的损失。除经济代价之外，还应当特别考虑波及公众的心理压力以及核电产业形象等社会影响代价。

因此，在应急准备中对各种可能的撤离行动做出尽可能详细的风险和代价分析是极其重要的。在应急撤离计划中，应充分考虑适宜的撤离时机、人员的动员组织，以及交通车辆等各种问题，以减少撤离行动带来的风险。

5.6.4　避迁

避迁是将受核事故影响地区的居民迁移出去。而且是较长时间甚至永久不再返回原居住地的防护行动。虽然撤离和避迁都是一种迁移行动，但是，前者是事故早期受影响区域人群的紧急搬迁行动，后者则是事故中后期为了使公众避免或减少地面放射性沉积造成长时间的外照射，以及食用污染水和农作物产生内照射所采取的防护措施，且可以逐步实施。尽管在实施过程中，避迁的风险和困难远比隐蔽大，但是，与撤离相比，由于具有更充足的时间来完成避迁计划制订和条件准备，因此，不可预见的因素比撤离要少一些。

从代价分析来看，由于我国大多核设施附近的居民远比西方国家多，该措施实施时间会较长，因此，给避迁人群提供居住和饮食而付出的经济代价会更大，工业、农业和商业的损失也会增大，人们因长期不能返回家园而产生的心理影响也会更加突出。这是在我国实施该项防护措施应当重点考虑的问题。

5.6.5 进出通道控制

进出通道控制是指核事故情况下，控制进出污染区的人员和车辆，通常将控制站点设置在污染区边界附近。采取进出通道控制措施的主要目的是避免增加受核事故影响的人数、污染物扩散、清洁物资及车辆被污染，减少事故影响区内对应急响应工作的干扰，便于道路疏通和组织现场撤离。这项措施常常在事故早中期采用，也可能延伸到事故中后期。

该措施的实施需要当地相关部门配合，准备足够的警力成立通道控制班组。需估算通道控制班组应急人员的费用，包括工资、食宿及必要装备等，并进行周密计划和有效组织，以减少可能造成的路段拥挤、堵塞及给控制班组人员带来的辐射危害。

5.6.6 个人防护

个人防护是指核事故情况下公众成员个人采取的必要防护措施，包括个人呼吸道和体表防护。个人防护是事故早中期采用的一种风险代价较小的防护措施，主要目的是防护因吸入气载或沉降的放射性落下灰而造成人员内照射或体表污染。

对于公众，呼吸道防护可采用手帕、口罩、纸巾或毛巾等罩住嘴和鼻孔即可，普通衣、帽、雨衣等都可以作为体表防护用品；在奔向隐蔽场所途中、在隐蔽体内或实施撤离时都可以实施个人防护；对工作在较严重污染区域（或空间）的应急人员，则应当配备和使用专门的个人防护装具。

5.6.7　去污

5.6.7.1　人员去污

当监测到或怀疑人员体表受到污染时，应当进行人员去污，一般情况下，只需进行淋浴冲洗即可，如果存在伤口污染，必须由医务人员进行专门处理。人员去污是贯穿整个事故过程的一种防护方法。

去污的困难与代价与放射性释放特征（释放放射性核素的种类、释放量及持续时间）、当地水文气象、相关应急力量和事故规模等因素密切联系。事故规模越大，可能受污染的人群越多；区域越大，所需要的监测仪器、去污设备、投入的人力也越多。这些会增大去污的代价。因此，需要对购置监测设备和去污设备的费用、日常管理维护的费用以及去污时所需投入的人力等进行评估。此外也应当考虑污染衣物及放废水、废物的收集处理，避免二次污染的风险。

5.6.7.2　区域去污

区域去污，主要针对受污染的土壤、地面、道路、建筑物及其他暴露于放射性沉降的物件。对大面积的土壤、道路、设备、建筑物去污，应当全面考虑实施区域去污的困难与风险。除需要投入大量人力外，还应当配备专用设备与完善的应急人员防护和剂量控制措施，必须考虑去污过程中产生废物的分类、贮存与最终处置等问题。由于区域去污往往持续较长时间，因此，还应当考虑去污过程中受气象条件影响产生的不可预见因素及其对应的解决办法。

区域去污的代价较高，主要包括投入的人力、设备和人员防护措施的代价，放废物贮存与处置的代价，工厂停工、设备停运、交通受阻、土地暂停使用等造成工农业生产及其他产业经济损失的代价，例如因区域去污措施对旅游业带来的经济损失。如果严重污染区域对公众和环境造成的影响比区域去污代价更大，实施区域去污则是必需的。因此，对区域去污进行充分的可行性研究和方案论证，可将区域去污的风险与代价比降至合理水平。

5.6.8 饮水和食物控制

对污染水和食物进行控制是指采取措施避免消费受污染的食物和饮以及控制对来自污染区的作物或供水进行加工和消费，是事故中后期实施的主要防护措施，主要目的是控制和减少因食入受污染食物和饮水造成的内照剂量。食入控制主要是控制食物与饮用水的处理方法及来源，例如通过清洗、去皮、长时间放置等方法减少或去除污染；禁止使用或销毁受污染食品、饲料等；停止使用受污染的渔、牧场；对饮用水进行处理以降低水中放射性核素含量或禁止使用被污染的水源等。

实施这一措施，需要对大量受污染或疑似受污染的食物和饮水水进行放射性监测以确定其含量，并为广大受影响人群提供没有污染的食物和饮用水。因此，要考虑食品和水的运输、分发等问题，以及由于食物品质、品种与食用量等饮食习惯的改变，可能会给一些特殊人群带来的不适应、生病等风险。

一般在决定采取食物和饮水控制措施前，有时间取得监测数据并进行判断；食物和水的转换、运输和销毁等是代价考虑的主要方面；当被污染区域较大时，也需要权衡代价/利益、决定是销毁或转换有轻微污染的食物，还是允许继续使用污染水平较低的食物和水；对于核电厂严重事故，牛奶中放射性碘峰值往往是在一次放射性核素释放后约两天出现，因此对牛奶的控制比对其他食物更紧迫，越早将奶牛撤离受污染牧场或用储备饲料，牛奶的污染水平越低。

思考练习题

1. 简述辐射防护的主要目的和任务。
2. 简述辐射防护的基本原则。
3. 外照射防护的基本方法有哪些？
4. 内照射防护的基本方法有哪些？
5. 常规条件下，放射职业人员及公众的年剂量限值是多少？
6. 应急人员现场防护的基本要求有哪些？
7. 应急人员的外照射防护措施有哪些？
8. 应急人员的体表防护措施有哪些？
9. 应急人员的内照射防护措施有哪些？

第 6 章　个人剂量监测

6.1　监测目的与内容

6.1.1　监测目的

个人剂量监测是指用佩戴在工作人员身上的设备进行测量，或测量体内或排泄物中放射性物质的量以及对测量结果的解释。个人剂量监测在保护工作人员及其后代的健康与安全方面非常重要。个人剂量监测可以为估算照射有效剂量或主要受照器官或组织的当量剂量，提供个人照射剂量资料；为安全评价和辐射防护评价提供照射剂量资料，以评价和验证是否符合管理和审管部门的要求；为核设施的设计和运行控制的优化提供照射剂量信息；及时发现非预期的事件或事故；在异常或事故照射情况下，为启动合适的应急、健康监督和医学处理提供可靠的资料、支持和协助，并为事件或事故评价提供照射剂量资料。

6.1.2　监测内容

在应急情况下，个人剂量监测包括个人外照射监测、体表污染监测和体内污染监测。

6.1.2.1　个人外照射监测

个人外照射监测就是利用个人剂量仪监测人员在污染区内活动所受的 γ 外照射累积剂量。

个人外照射监测主要是针对应急人员，个人外照射监测可为控制应急响应人员所受外照射剂量提供依据。应急响应时，为避免人员接受不必要的照射，要让应急响应人员知晓周围剂量水平及其所受累积剂量。此外，剂量监测管理人员应掌握防护原则，保证应急响应人员在给定剂量限值内工作，以保护其辐射安全。

当针对公众采用个人外照射监测方法时，一般选择具有代表性的个别公众作为监测对象。

6.1.2.2　体内污染监测

体内污染监测是对个人的排泄物、体液进行测量，或用全身辐射仪直接测量体内的放射性，并对测量结果进行评价。用以判断个人的急性损伤程度，适时进行分类，采取相应的医疗处理，改进防护措施。体内污染监测结果，可以为器官或全身内照射剂量的估算、针对应急人员开展相应的医学处理等提供依据。甲状腺监测是指对甲状腺吸收放射性碘的监测，也是职业性内照射个人剂量监测的重要组成部分。本章重点介绍甲状腺监测。

6.2　监测方法

6.2.1　个人外照射监测

个人外照射剂量监测是个人佩戴剂量计，定期测量个人所受的外照射剂量，并对测量结果进行评价。外照射剂量监测方法有主动式探测和被动式探测两种。

6.2.1.1　主动式监测

主动式监测是指利用受到辐射时能自动做出响应的仪器和设备，并立即给出个人剂量当量［H_p（10）］结果的探测。主动式探测所使用的剂量计通常称为电子个人剂量计。电子个人剂量计佩戴在躯体有代表性的部位上，如胸部、头部、腹部、手部和肩部，用以记录辐射在相应体表处的剂量。电子个人剂量计主要优点是能实时给出个人的累积剂量和剂量率的读数，并能实时报警，在可能接受较高照射的场合，佩戴电子个人剂量计的工作人员和辐射防护管理人员能根据剂量计给出的数据及时对工作进行调整、优化，减少可能受到的照射，避免受到超过剂量限值的照射；与被动式个人剂量计相比，电子个人剂量计的测量下限较低，低两个数量级左右。一些新型的电子个人剂量计具有联网功能，可实时传输数据，能更全面地保证个人剂量登录的完整性、安全性，大大降低了剂量数据丢失的概率，使剂量监测的管理可靠性增加。

电子个人剂量计的主要组成包括探测器、电子线路及软件系统、显示屏。按使用的探测器进行分类，最常见的电子个人剂量计可分为以下三种：一是采用 GM 探测器的电子个人剂量计，仅用于监测 γ 辐射剂量；二是采用硅半导体探测器的电子个人剂量计，可监测 β 和 γ 辐射剂量；三是采用 DIS 探测器的电子个人剂量计，监测 β 和 γ 剂量，也可用作肢端监测。

6.2.1.2 被动式监测

被动式监测是指剂量计储存个人剂量信息后，从佩戴者身上取走，经过测量后获得个人剂量结果。这意味着这种剂量计不能在现场立即给出剂量率和累积剂量信息，但是这种剂量计携带的信息可以一直保存下来，以供后续读取。被动式个人剂量计的优点是能够以稳定的方式记录剂量信息，信息不容易丢失，此外，被动式个人剂量计可以测量个人剂量当量的 H_p（10）（全身）、H_p（0.07）（皮肤）和 H_p（3）（眼睛），而主动式剂量计一般只能测量 H_p（10）。

热释光剂量计是最主要的被动式剂量计，也是环境放射性监测和个人剂量监督常用方法之一。被电离辐射照射的热释光材料中形成的电子陷阱受加热激发后，会释放陷阱中的电子，从而发光，其强度直接与材料中接受的剂量有关。热释光材料在加热过程中所释放的光，用一个光电倍增管或其他光学设备来观测。加热温度与读出光的输出量的关系曲线通常称为发光曲线。发光曲线的形状决定于存在热释光材料中杂质和晶格缺陷的类型和数量，以及它受热的历史和对热释光材料的处理。发光曲线下的面积用来测量剂量。热释光材料在读出过程中释放了存储的受照信息，它可以用来记录新的受照。最常用的热释光材料磷光体有氟化锂（LiF）、氧化铍（BeO）、氟化钙（CaF_2）、硼酸锂（Li_2B4O_7）、硫酸钙（$CaSO_4$）和硫酸镁（$MgSO_4$）等。在热释光方法使用中，退火程序及退火温度对其热释光方法特性影响很大，因此，热释光方法的退火程序特别重要。不同热释光材料应当使用不同的退火程序。另外，在测量过程中，测量温度也随热释光材料而异，测量温度太低，会影响测措的灵敏度，测量温度太高会引起红外噪声信号的增加。

6.2.2 体内污染监测

为估算放射性核素摄入量而采用的个人体内污染监测方法有：①全身或器官中放射性核素的直接测量；②排泄物或其他生物样品分析；③空气采样分析。每一种测量方法应能对放射性核素定性、定量，其测量结果可用摄入量或待积有限剂量进行解释。

6.2.2.1 全身或器官中放射性核素的直接测量

全身或器官中放射性物质含量的直接测量技术，可用于发射特征 X 射线、γ 射线、正电子和高能 β 粒子的放射性核素，也可用于某些发射特征 X 射线的 α 辐射体。

用于直接测量全身或器官放射性核素含量的设备由一个或多个安装在低本底环境下的高效率探测器组成。探测器的几何位置应符合测量目的。对于发射 γ 射线的裂变产物和活化产物，如 ^{131}I、^{137}Cs 和 ^{60}Co，可用能在工作场所使用的较简单的探测器进行监测。对少数放射性核素如钚的同位素，则需要高灵敏度探测技术。

若伤口污染有能发射高能量 γ 射线的放射性物质，通常可用 β-γ 探测器加以探测。当污染物为某些能发射特征 X 射线的 α 辐射体的情况下，可用 X 射线探测器探测。当伤口受到多种放射性核素污染时，应采用具有能量甄别本领的探测器。伤口探测器应配有良好的准直器，以便对放射性污染物进行定位。在进行直接测屉前应进行人体表面去污。

甲状腺监测是体内污染监测的重点，一般可采用专门的甲状腺监测仪将辐射测量探头对准甲状腺进行监测。

6.2.2.2 排泄物及其他生物样品分析

对于不发射γ射线或只发射低能光子的放射性核素，排泄物监测可能是唯一合适的监测手段。对于发射高能 β 射线、γ 射线的辐射体，排泄物分析也是常用的监测手段。排泄物监测计划一般只包括尿分析，除非某些特殊情况下可能要求分析粪样，如当元素主要通过粪排泄或要评价吸入 S 类物质自肺部的廓清时。

分析其他生物样品是为了做一些特殊调查，例如，作为常规筛选技术可分析鼻涕或鼻拭样；怀疑有高水平污染时，视情况可分析血样；在 ^{14}C、^{226}Ra 和 ^{228}Th 的内污染情况下，可对呼出气进行活度测量。在极毒放射性核素（如超铀元素）污染伤口的情况下，应对已切除的组织样进行制样和或原样测量。

6.2.2.3 空气采样分析

根据空气样品的测量结果估算摄入量带有很大不确定度，对于不发射强贯穿辐射且在排泄物中浓度很低的放射性核素，如锕系元素，空气样品测量结果可用来估算摄入量。

用于空气采样的采样头应处于呼吸带内，采样速率最好能代表应急人员的典型吸气速率（1.2 m^3/h）。在取样周期终了时，可对滤膜上的放射性用非破坏性技术进行测量，以及时发现不正常的水平照射。然后将滤膜保留下来，把较长时间积累的滤膜合并在一起，用放射化学分离提取方法和高灵敏度的测量技术进行测量。

6.3 监测设备

6.3.1 监测设备基本要求

用于个人剂量监测的测量系统应满足以下基本性能要求：

（1）测量系统应基本不受如温度、湿度、灰尘、风、光、磁场、电源电压波动和频率涨落等因素的影响。

（2）测量系统应具有适当的量程，要有足够高的灵敏度或足够低的探测下限，对于事故监测，量程上限应达 10 Sv。

（3）因能量和角响应引入的不确定度应不大于 30%（95%置信度）。

（4）在一个监测周期内累积剂量的损失应不大于 10%（95%置信度）。

（5）剂量计应具有足够好的机械强度，其大小、形状、结构和重量合适，便于佩戴且不影响工作。

应急人员除应佩戴电子直读式个人剂量报警仪和个人累积剂量计两种个人剂量监测装备外，如果条件允许，还应当配备多用途 γ/β 射线剂量率仪、场所γ/β射线剂量率仪和表面放射性污染监测仪等手持式或袖珍式环境核辐射监测装备；对于可能进入存在中子地域（或空间）执行应急任务的作业班组或个人，还应当配备便携式中子监测仪。表 6-1 列出上述便携式核辐射监测装备的主要技术要求。

表 6-1　应急人员所携带核辐射监测装备的主要技术要求

仪器类型	测量物理量	计量单位	最低探测水平或有效范围	备注
电子直读式个人剂量报警仪	γ 外照射剂量率/累积剂量	Sv/h、Sv 或 Gy/h、Gy	1 μSv/h～1 Sv/h 或 5 μSv/h～10 Sv/h	电池供电，至少连续工作时间＞5 h
个人累积剂量计	γ 外照射累积剂量	Sv 或 Gy	10 μSv～10 Sv	热释光或光释光剂量片

续表

仪器类型	测量物理量	计量单位	最低探测水平或有效范围	备注
多用途 γ/β 射线剂量率仪	γ/β 射线空气剂量率	Sv/h	0.1 μSv/h～1 Sv/h	电池供电，至少连续工作时间＞5 h
场所 γ/β 射线剂量率仪	γ/β 射线空气剂量率	Sv/h	0.1 μSv/h～100 mSv/h	电池供电，至少连续工作时间＞5 h
表面放射性污染监测仪	表面活度	Bq/cm^2 或 cps	α：0.1 Bq/cm^2 β：1 Bq/cm^2	电池供电，至少连续工作时间＞5 h
中子监测仪	中子剂量当量	Sv	0.1 μSv～99.99 mSv/h	电池供电，至少连续工作时间＞5 h，中子能量范围：0.025 eV～15 MeV

应当注意，对于上述核辐射监测装备，除要满足表6-1 所列主要技术要求外，各核应急救援组织应当每年定期对上述监测装备进行检定或校准，并在执行任务前对其性能尤其是辐射特性进行检验，并准备充足的电池。

以下介绍几种国内外常用的个人剂量监测设备。

6.3.2 个人外照射监测设备

6.3.2.1 DMC2000XB 个人剂量计

DMC2000XB（图 6-1）是一种直读式电子个人剂量计，不仅可测量 X 和 γ 射线对人体产生的深度剂量 H_p（10）和剂量率，还可以测量 β 射线对人体产生的浅表剂量 H_s（0.07）和剂量率。

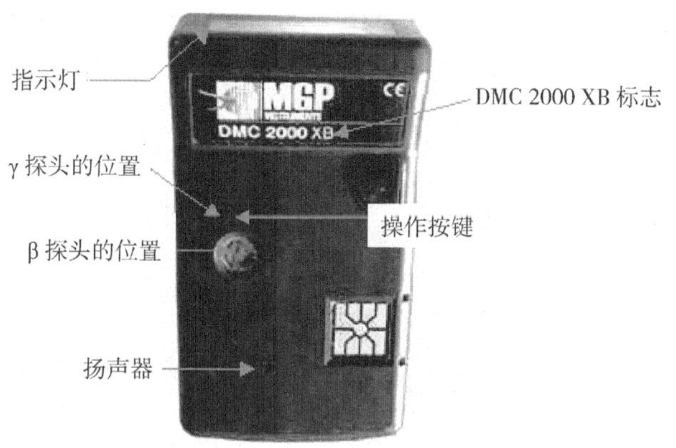

图 6-1　DMC 2000 XB 型剂量计的正视图

DMC 2000 XB 型个人剂量计的主要技术指标如下：

（1）测量对象

X 射线和 γ 射线（能量＞20 keV）、β 射线（能量＞60 keV）。

（2）测量范围

剂量当量：10^{-6}～10 Sv；

剂量当量率：10^{-5}～10 Sv/h。

（3）测量误差

针对剂量当量：在整个量程内不超过±20%；

针对剂量当量率：5×10^{-4}～5×10^{-3}Sv/h，不超过±30%；

5×10^{-3}～10 Sv/h，不超过±20%。

（4）尺寸：86.5 mm×48 mm×9 mm。

（5）重量：56 g。

6.3.2.2　HT1601 型电子个人剂量仪

HT1601 型电子个人剂量仪（图 6-2）只能用于测量 X 射线和 γ 射线对人体产生的深度剂量 H_p（10）和剂量率具有携带方便、操作简单的特点。

图 6-2 HT1601 型电子个人剂量仪

HT1601 型电子个人剂量仪的主要技术指标如下：

（1）测量对象

X 射线和 γ 射线。

（2）测量范围

剂量当量：0.01 μSv～10.0 Sv；

剂量当量率：0.01 μSv/h～1.0 Sv/h。

（3）测量误差

剂量当量率的误差不超过 15%。

（4）重量

0.08 kg。

（5）尺寸

58 mm × 58 mm × 18 mm（长 × 宽 × 高）。

6.3.2.3 远距离无线电子剂量监测与管理系统

远距离无线电子剂量监测与管理系统是配备给国家级核应急救援队的个人剂量监测和管理装备，用于国家队人员剂量监测、实时定位和数据远距离无线传输。系统由个人剂量计、加固控制计算机、无线射频接收机及中继、RTK 接收机、服务器软件等组成，系统里个人剂量计通过 RTK 提高定位精度，通过无线射频、4G、蓝牙将数据传输到服务器，服务器将数据汇总列表并显示在地图上。其中个人剂量计如图 6-3 所示。

图6-3　远距离无线电子个人剂量计

远距离无线电子剂量监测与管理系统的主要技术指标如下：

（1）剂量率测量范围：1 μSv/h～1 Sv/h。

（2）累积剂量测量范围：0.01 μSv～9.99 Sv。

（3）相对固有误差：±15%（Cs-137）。

（4）具有北斗定位功能，并确保定位信息及传输的安全保密性。

（5）定位性能：≤1 m，并具备高精度定位功能。

（6）防护等级：IP67。

（7）电池性能：每次充电后连续工作时间大于 24 h。

（8）支持蓝牙传输，能够将数据实时传输至单兵终端智能。

（9）剂量管理系统：可支持不少于 2 000 人的个人剂量数据管理，可编辑扩展；可以查询 5 年历史剂量数据。

6.3.2.4　热释光剂量计

热释光剂量计（图 6-4）主要用于核事故救援中测量个人、环境累积辐射剂量监测。热释光剂量计包括剂量元件和剂量盒。

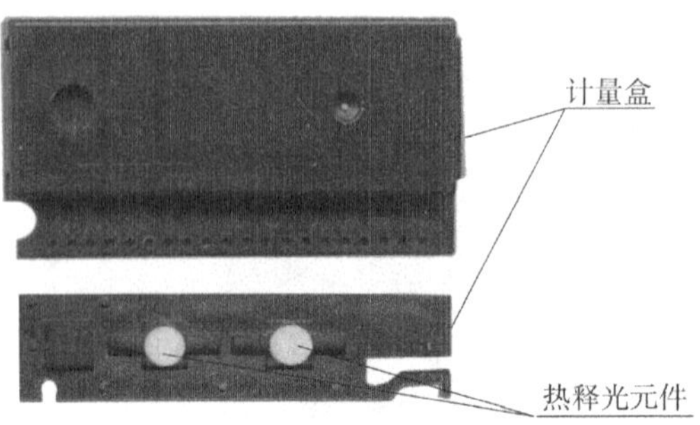

图 6-4 TLD469 热释光剂量计

一套完整的热释光测量系统通常包括硬件和软件两部分。硬件主要有热释光剂量计（剂量元件和剂量盒）、微型计算机以及其他附属设备等；软件用于测量数据的进一步分析与管理。

6.3.3 体内污染监测设备

6.3.3.1 具有 NaI 探头的 CoMo170 便携式甲状腺监测仪

CoMo170 便携式甲状腺监测仪（图 6-5）可安装 NaI 探头，并同时测量 α、β 和 γ 表面沾染，可以固定或移动使用，并直接或间接检测表面沾染（擦拭测试样品）。采用新型塑料闪烁体探测器，不用充气，无须外加探头；精度高，可存 750 组测量数据，并可以传输到 PC 上；该仪器携带方便，操作简单。

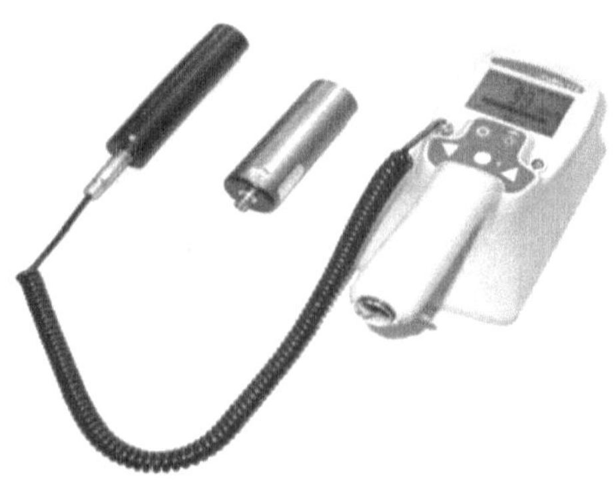

图 6-5 CoMo170 便携式甲状腺监测仪

CoMo170 便携式甲状腺监测仪的主要技术指标如下：

（1）探头类型：带硫化锌（ZnS）涂层的薄层闪烁体探头；

（2）探头面积：170 cm^2；

（3）显示单位：cps、Bq 或 Bq/cm^2，当外接剂量率探头时显示 nSv/h、μSv/h、mSv/h；

（4）本底：α 近似 0.1 cps (每秒计数)，α/β 近似 15～25 cps；

（5）本底扣除：扣除和不扣除本底可选，本底测量时间可设；

（6）阈值：α、β 的阈值可以选用 cps、Bq 或 Bq/cm^2 单位进行编程设置；

（7）报警：每种核素单独设置，声音报警；

（8）存储器：750 个数据，并且有打印功能（带时间记录）；

（9）显示：128 像素×64 像素大尺寸 LCD 显示，带背景灯；

（10）核素库：可测 25 种核素，给出校准因子，用户可指定核素加到校准表中；

（11）测量时间：在菜单中可选择测量时间模式或者误差率值模式，时间单位为 s；

（12）电源：2 节 AA 1.5 V 碱性电池或 NiMH 充电电池，可工作 30～35 h；

（13）工作温度：-10～40 ℃，特制的可达-20 ℃。

6.3.3.2　ALOKA TCS-173 NaI 闪烁式甲状腺监测仪

ALOKA TCS-173 NaI 闪烁式甲状腺监测仪（图 6-6）作为核应急专用装备，主要配备于军队、警察、消防和政府部门，可对核电站等核燃料设施中的装备及人员表面污染进行直接和间接测量。该仪器适用能量较低的 I-125 测定（一般表面污染检测仪难以测出）；使用了低能量极薄的特殊检查窗，降低了本底，能精确测量 γ 射线。

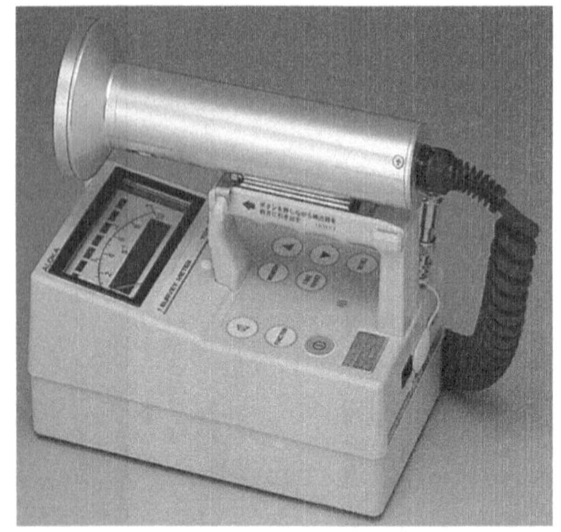

图 6-6　ALOKA TCS-173 NaI 闪烁式甲状腺监测仪

ALOKA TCS-173 NaI 闪烁式甲状腺监测仪的主要技术指标如下：

（1）检测射线：γ 射线、X 射线；

（2）检测器：NaI 闪烁体；

（3）监测范围：分模拟和数字信号两种；

（4）模拟信号显示：0～10、30、100、300、1 k、3 k、10 k（s^{-1}）（7 频道切换）；

（5）数字信号显示：计数率：0～99.9 s^{-1}、100～999 s^{-1}、1.00～9.99 ks^{-1}，

计数：0～999 999 counts；

（6）电源：4 节 2 号碱性电池。

6.4 监测实施

6.4.1 个人外照射剂量监测

6.4.1.1 人员分工

在执行个人外照射剂量监测任务前，需由行动负责人布置监测任务，并

明确任务分工，监测人员的任务主要包括几个方面：

1. 剂量计的管理

个人剂量计、读出仪和其他剂量监测装备的发放、回收和指导表格填写。

2. 剂量监督和管理

剂量监测过程的监督和管理，明确报警阈值，对超剂量人员进行处置。

3. 剂量监测和记录

负责个人剂量计的佩戴，时时进行剂量监测，观察是否报警，填写剂量监测表格，个人剂量监测表格见表 6-2。

表 6-2　个人剂量监测表格

填写人		任务编号	
任务类型			

准备者：__________（组长全名）　日期：__________

提供给：　□ 应急指挥　时间：__________

组　员：__________（全名）　野外组号：__________

个人标识：__________

热释光剂量计（附热释光系统读出表）

热释光剂量计标识号：　（不能野外读出）

读数日期	读出时间	读数地点	读数

直读式剂量计

剂量计类型：__________型号：__________序列号：______

读数日期	读数时间	累积剂量/mSv	最大剂量率水平/（mSv/h）	平均剂量率水平/（mSv/h）	读数地点

签字：__________

4. 通信联络和汇报

行动过程中和行动后，负责通信联络，将剂量监测结果及时统计及上报。

6.4.1.2 监测准备

1. 个人剂量计的选择

对个人剂量计选择的总要求：能量响应好，方向依赖性小，具有适当的量程范围，测量稳定，结果可靠，个人剂量计应选择体积小、可靠性高、重量轻、易于佩戴的。

个人剂量计的种类很多，不同的剂量计可以满足不同目的的个人剂量监测，应根据辐射场的特性、能量和剂量的大小和应急任务的要求选取合适的一种或两种剂量计。例如，对 β 辐射，可选用胶片剂量计或热释光剂量计；对 X 辐射或 γ 辐射，可选用合适量程的直读式袖珍剂量计、热释光剂量计或荧光玻璃剂量计；对于中子的常规监测，可选用固体径迹探测器、热释光剂量计等；当工作场所的剂量率变化很大，有可能超出 10 倍以上时，为了有效地控制剂量，应给应急人员佩戴有自动报警功能的直读式个人剂量计。

对于公众来说，一般仅需佩戴直读式个人剂量计即可。

对于应急人员来说，一般需佩戴两种个人剂量计。一种是热释光剂量计，要求在应急响应的全过程中佩戴，以监测个人在整个应急处置期间所受外照射伤害情况。但这种剂量计不能直接读取测量结果，而且没有报警功能；另一种是直读式个人剂量计（如 FJJ03 型剂量笔或 DMC2000XB 型个人剂量仪），一般用于进入污染区执行某项任务时佩戴，这种剂量计同时具有声光报警功能，能随时监测自身所受的 γ 外照射累积剂量情况。

2. 剂量计下发

应根据剂量计数量和保障范围，合理分配下发剂量计。对于公众来说，对同一居民点的公众，至少配发一支直读式个人剂量计，并讲解其使用方法；对于应急人员，应急准备时就应配发热释光剂量计，尽量做到每人一支。如需进入污染区执行任务，出发前还应配发一支直读式个人剂量计。注意下发时应详细记录，包括剂量计编号、下发时间，以及使用人姓名及单位等信息。

3. 剂量计的检查

在配发执行任务所需的仪器同时配发个人剂量计，包括直读式电子剂量计与热释光剂量计，进行预操作和快速的质量控制检查，确保其性能指标符合要求；检查仪器的标定标签或标定证书，确定仪表被标定的日期应当满足要求，若不是应当退回进行更换；检查仪器的电池，确保符合要求，若不符合就进行电池更换。

4. 个人剂量计的佩戴位置

个人剂量计一般佩戴在人体表面具有代表性的部位上，其测量结果应尽量反映全身或局部组织所受的照射。如对于来自前方的入射辐射，剂量计应佩戴在身体躯干的前面，在腰与肩之间，在执行核应急保障和作战任务时，习惯将个人剂量计别在或夹在个人防护服里面的胸前口袋内。

5. 其他准备工作

根据情况介绍，了解工作任务性质，熟悉作业程序与仪器操作；在个人剂量监测表格里，填写有关个人以及个人剂量计的详细信息；根据指令按预先确定的操作剂量限值，使用设定个人剂量计的报警阈值。

6.4.1.3　监测行动

1. 监测程序

当应急人员进入剂量率明显高于本底水平的区域执行任务时，应佩戴直读式电子个人剂量计工作。个人外照射监测的具体程序如下：

（1）详细记录个人剂量计编号、已有读数。

（2）打开电源，检查个人剂量计的功能是否完好，根据任务变化，变更或设定剂量率和累积剂量预报警和报警阈值。

（3）执行任务时，公众和应急人员应随时留意剂量计的报警声音以及声响频率，当累积剂量超过预报警水平进行报警时，立即汇报个人状态与环境情况，并做出退出任务的准备。

（4）公众撤离或应急人员完成某一单次任务后，应及时上交直读式个人剂量计，由管理员进行登（统）计，包括本次受照剂量、累积剂量、最大剂量率水平、执行任务类型、时间等。管理员应将应急人员的本次受照剂量、累积剂量以书面形式告知其所在单位和本人，为其以后的应急行动的剂量控制提供依据。

对于热释光剂量计，应急人员在完成全部应急响应任务后，应及时上交，并由管理员统一对其受照剂量进行读取和管理。

（5）所有剂量计进行去污和状态恢复。如充电或按需更换电池、累积剂量清零，对热释光剂量计进行退火等。

（6）根据人员所受剂量，及时向上级汇报人员受照情况，给出人员下步行动建议。

（7）对受照剂量超标的应急人员或公众，为其提出后续的医疗处置意见和建议。

2. 监测行动注意事项

使用个人剂量计测量剂量时，组长应根据上级指示、本组作业能力、监控目标情况等，合理分配人员和器材。

实施剂量测量与监控时，一般采用两种方法：一是派专人实施定点测量，即由剂量监控组派专人在被保障单位实施定点测量，随时上报测量结果；二是自行测量，即向被保障对象发放剂量监测器材，教授其使用方法，由被保障对象自行实施测量。

一般对指挥机构要采取定点测量与自行测量相结合的方法。通常向指挥机构至少派一名监控人员实施定点监控，随时向组长报告指挥机构内的剂量值。要保证经常前出指挥的首长和工作人员随身携带一部个人剂量仪，并教会其佩戴和使用方法，同时设置好报警阈值。

在个人剂量计数量较少时，至少应保证给参加核事故救援的每个小组发放一部个人剂量仪（计），发放一部时，一般由组长佩戴。发放个人剂量仪（计）时要教会其使用方法，并告知剂量控制标准。每次行动结束后，应回收个人剂量仪（计），统计作业人员辐射剂量，并向指挥员提出限制超标人员继续参加作业的建议。

下发的剂量计必须随身携带。尤其是热释光剂量计，应急人员应在应急响应的全过程中携带，不得不带或遗留他处。

6.4.2　甲状腺监测

目前进行体内污染监测的条件有限，只有部分单位配备了开展针对部分器官（如甲状腺）的污染监测手段，因此以甲状腺监测为例介绍体内污染监测方法的实施。

6.4.2.1　监测准备

（1）选择合适的监测装备，做好装备使用前的准备工作。

（2）被测人员在进行体内污染监测前，要先做体表污染检查，并经全身去污，换上无污染衣服。

6.4.2.2　监测行动

1. 监测程序

（1）监测装备探头部分对准甲状腺，放置在接近脖颈的位置，在喉结与环状软骨（脖子前部声带附近的硬软骨）之间进行监测。

（2）观察装备显示屏幕上显示的数值和识别的核素结果。如果在甲状腺的测量过程中，观察到的计数率比本底“正常”计数率高，且核素识别结果为 ^{131}I，则基本可确认被测人员已经吸入放射性碘，应及时将其送往医疗机构进行深入检查。

2. 监测行动注意事项

大多数情况下，为估算由于摄入放射性核素产生的内照射剂量而进行的监测，活体测量（或称直接测量）和离体测量（间接测量）是内照射监测的主要方法，最好是两种方法结合起来使用，而实物测量是一种补充性的辅助方法，用于确定摄入量的误差较大。

思考练习题

1. 个人剂量监测目的是什么？
2. 个人剂量监测内容有哪些？
3. 常用个人外照射剂量监测有哪些设备？
4. 常用个人内照射剂量监测有哪些设备？
5. 对个人剂量监测设备一般要求是什么？
6. 对个人剂量计佩戴位置有哪些要求？

第 7 章　应急干预水平

7.1　干预原则

干预是旨在减少或避免不属于受控实践或因突发事件导致失控辐射源带来核辐射照射可能性而采取的任何活动。需要采取干预的主要情况包括核与辐射事故、核与辐射恐怖袭击等各类核与辐射突发事件引起的需采取防护行动的应急照射情况。

干预原则是指为了实现应急目标，实施干预时应遵循的辐射防护原则。由于干预在降低辐射剂量的同时，既可能付出代价，也可能带来新的风险。因此，应急决策时应当权衡利弊，需判断必须干预的情况、不必干预的情况、甚至不正当干预的情况。干预原则正是解决这些问题的依据。

7.1.1　公众的干预原则

对于核事故可能波及的公众，不应当轻率地做出采用应急防护措施的决定，主要原因在于任何应急防护措施的实施都会在一定程度上限制人的活动自由或选择，对社会造成负面影响，甚至对某些公众引起直接损伤和干扰。这里介绍 IAEA 在安全丛书 109 号的干预原则，源于国际放射防护委员会第 60 号、第 63 号报告，是根据辐射基本生物效应导出的。

决定进行干预依据的三项基本原则如下：

（1）应该做出所有可能的努力以防止严重的确定性健康效应（需要说明，对这一条要不要明确提出来尚有争论，有人认为这是多余的）。

如果所有公众成员的剂量均低于严重确定性健康效应的阈值，则这些效应能加以防止。由于在剂量预测时存在一定的不确定性，为防止这些效应采取行动应稍低于该阈值。

（2）干预应是正当的，即防护措施的引入应该是带来的好处大于危害。

当采取行动有净利益时干预是正当的。由于对某些防护措施，干预的不良结果可能超过为避免照射所达到的好处，因而认真考虑干预的利益和不良后果是十分重要的。换句话说，在执行给定的防护措施时的利益（包括所避免的辐射危害），大于与该措施相关的危害（用与它相关的非辐射风险来表示）、它的财政支出和其他难以量化的后果（如对社会的破坏），这防护措施将是正当的。要考虑的另一个因素是由防护行动可能缓解或增加公众的忧虑。在已执行每种防护措施的情况下还应该定期进行审评，以保证这种措施在当时继续采取是正当的。在应急情况下，对因某一特定照射途径或者各种照射途径的联合作用产生的预计剂量可能达到严重确定性健康效应的阈值，防护措施通常是正当的。

（3）引入干预的水平和以后撤消干预的水平应该优化，使得该防护措施产生最大的净利益。

在考虑进行干预的任何情况下，某些防护措施可能是正当的，而其他可能不是正当的。有必要制定这样的水平，在这个水平下，提供这些正当的防护措施中最好的防护。也就是说，由每项防护措施所避免的辐射危害，应该与该措施的代价和其他危害以下列方式相平衡：由这防护措施所获得的净利益是最大的（即防护的优化）。在对每项防护措施的优化的干预水平以上，通常采取这种措施；低于优化的干预水平通常不采取。随着辐射状况的改变，对防护措施继续进行的正当性以及它们对防护优化的贡献应当定期地加以审评。

7.1.2 应急人员的干预原则

在要求干预情况下，应急人员与公众成员之间的基本区别在于：如果不采取某些行动来防止，公众将接受剂量；而对应急人员，如果不是有充分的理由做出决定使他们受照，他们是不会接受剂量的（但不包括在事故的开始阶段）。因此上述用于公众的原则要有区别地应用于应急人员，对实践的辐射防护体系要更适用应急人员，特别是在干预的后期。

对应急人员，被证明正当的是辐射源的照射，优化的是对源的辐射防护。由于这是精心计划的和在某种意义上是受控制的照射，对应急人员的照射剂量限值应予保留，除非有特别的理由取消它们。在受照正当化的方面，可能存在使下列照射成为正当的：由应急人员在明确建立的他们个人危害风险的限值水平以上受到照射，产生不公正的危害分配。这种正当性大多数可能是在事故后立即执行拯救生命的活动或为了防止灾难性情况发展的需要。即使如此，也参照干预原则（1）应尽可能防止严重的确定性健康效应。

7.2　公众的干预水平

7.2.1　干预水平

干预水平是指针对应急或持续照射情况所制定可防止剂量的水平。当达到这种剂量水平时，应考虑采取相应的防护行动或补救措施。这里所说可防止剂量，是指采取特定防护行动或措施而减小的受照剂量，即在采取该防护行动情况下，预期受到的剂量与不采取该防护行动情况下的受照剂量之差。显然，不同的防护行动，干预水平值也不同，因此，需要建立适用不同防护行动的干预水平。不同国家对干预水平有不同名称，但是含义基本相近。美国称干预水平为防护行动指导水平（Protective Action Guide），欧洲一些国家称为应急参考水平（Emergency Reference Level)，也有一些国家称为应急行动水平（Emergency Action Level）。

7.2.1.1 对急性和慢性照射的剂量行动水平、剂量率行动水平

表 7-1 列出了对急性照射的剂量行动水平。实际上这是根据干预原则（1）和人体器官或组织发生确定性健康效应的阈值得出的。

表 7-1 应急照射的剂量行动水平 单位：Gy

器官和组织	小于 2 d 对器官或组织的预计吸收剂量
全身	1
肺	6
皮肤	3
甲状腺	5
眼晶体	2
性腺	3

注：对剂量大于 0.1 Gy（小于 2 d 内受照）对胎儿的确定性效应的可能性，在考虑立即防护的实际行动水平的正当性和优化时应予以考虑。

表 7-2 列出了对慢性照射的剂量率行动水平。

表 7-2 对慢性照射的剂量率行动水平 单位：Gy/a

器官和组织	当量剂量率
性腺	0.2
眼晶体	0.1
骨髓	0.4

假如不采取防护行动或补救措施，对任何个人的预计剂量（不是可避免剂量）或剂量率可能导致严重的损伤，防护行动或补救措施将肯定是正当的。在那种情况下，任何决定不采取紧迫的防护行动都必须证明是正当的。

紧急防护措施的通用干预水平

所谓通用干预水平，是指国际上推荐的、具有一定通用性的干预水平，

代表了一种国际性认同，已被认为是可大体获得最大净利益的干预水平值，通常是指采取相应防护措施后，可防止的受照剂量。有关选择通用干预水平的技术分析在 IAEA 的有关安全丛书中有较为详细的论述，本文仅仅给出这些干预水平，并做必要的说明。

表7-3列出建议采取特定紧急防护措施的通用干预水平。这些数值满足干预的基本原则：避免确定性效应；干预一般是正当的：由防护行动所避免的风险，大于由这些行动本身带来的风险，由隐蔽和撤离的干预水平提供的防护是在考虑最大的持续时间（分别是 2 d 和 1 周）优化得到的。

在执行这些防护行动时，应优先考虑在 2 d 内可能接受超过表 7-3 中数值的预计剂量的那些人员。

表 7-3　紧急防护措施的通用干预水平

防护措施	可避免剂量
隐蔽	2 d 内 10 mSv
撤离	1 周内 50 mSv
服稳定碘	甲状腺 100 mSv

对于表 7-3 所列可避免剂量或可防止剂量，需说明：

（1）这些水平是可避免的剂量，即如果这种行动所能避免的剂量（考虑到由于推晚或其他实际原因所引起的效能丧失）大于所给的值，则应采取这种行动。

（2）在所有情况下，水平是指在当地的居民中的取样平均值，而不是受照最大的个人。然而，对受较高照射的个人居民组的预计剂量应该保持在确定性效应的阈值以下。

（3）推荐大丁 2 d 的隐蔽。当局可以希望建议在较低的干预水平下在较短时间内隐蔽或者使进一步的对策如撤离）可容易实施。

（4）不推荐在 1 周以上的撤离。当局可以希望在较低的干预水平下较短时间的撤离，也可以很快地和更早地撤离，如对小的人群组。在撤离比较困难的情况下，较高的干预水平可能是适宜的，如对于大的人群或在缺乏足够的运输能力的条件下。

（5）甲状腺的可避免剂量。为便于实际应用，对所有年龄组推荐一个干预水平。

这些干预水平在性质上是“通用的”，即对大多数情况是合理的。如果对特定的情况或者考虑社会或政治因素，导出这些通用干预水平所使用的技术假定不适用，可能这些水平有偏离。可能存在特殊情况或特殊居民组，通常适合的干预对它们不合理。例如，在这些干预水平下撤离对一般居民在正常的环境下是适宜的，但对下列情况不适合：有危害的天气条件；当伴有其他危害时，如沿着撤离路径有化学危险物释放或地震；当受影响的人数和土地面积很大或运输条件缺乏，以至于使此防护行动不实际或者甚至很危险；对特殊居民组（包括残疾人员、医院病人、老年人和服刑人员）采用防护行动（特别是撤离）是较困难的。

7.2.1.2 长期防护行动的通用干预水平

表 7-4 列出了临时避迁和永久性再定居的通用干预水平。对临时避迁，表中列出了两个值。第一个值表示：如果第一个月在规定的居民中，所避免的平均剂量大于 30 mSv，则应该开始避迁。如果在随后的月份中，继续避迁所避免的平均月剂量小于 10 mSv，则可以从临时避迁地返回，只要未证明永久性再定居是正当的。如果在一年或两年中，一个月累积的剂量预计不降到 10 mSv 以下，则应考虑永久性的再定居。如果一生预计剂量超过 1 Sv 也应考虑永久性再定居。

表 7-4　对临时避迁和永久性再定居建议的通用干预水平

防护行动	可避免剂量[a]
临时避迁	第 1 个月内 30 mSv[b]
终止临时避迁	以后任何 1 个月内 10 mSv[b]
永久迁居	终生 1 Sv[c]

注：[a] 该可避免剂量应用于考虑的平均居民。[b] 一个月指大约 30 d 的任何时间期间，不是按日历的一个月。[c] 为了保护最敏感的居民组（孩子），一生通常取 70 年。如果情况允许，应该允许老年人返回他们的家园，而不是永久性再定居。

与这些干预水平相比较的剂量是采取对策能避免来自所有照射途径的总剂量，但通常不包括食品和饮水途径。

7.2.1.3　食品的行动水平

表 7-5 列出了对食品的通用行动水平，在表的注解中说明了应用中的实际考虑。任何干预准则应该容易执行。对于食品，这意味着该准则应该是用可测量的单位（Bq/kg）直接表示的。与该准则不直接相关的可测量的量（如地表浓度，在饲料或在其他食品中的浓度），在某些情况下也可能是有用的，虽然它们本身通常不作为行动水平。

表 7-5　对食品建议的通用行动水平　　单位：kBq/kg

放射性核素	通用行动水平
供一般消费用食品	
Cs-134，Cs-137，Ru-103，Ru-106，I-131，Sr-89	1
Sr-90	0.1
Am-241，Pu-238，Pu-239，Pu-240，Pu-242	0.01
牛奶、婴儿食品和饮用水	
Cs-134，Cs-137，Ru-103，Ru-106，Sr-89	1
I-131，Sr-90	0.1
Am-241，Pu-238，Pu-239，Pu-240，Pu-242	0.001

说明：

（1）这些行动水平的应用前提是可以获得其他的食品供应。在食品供应短缺的情况下，可以使用较高的行动水平。

（2）这些行动水平应用于为消费而制备的食品。如果在稀释或重新配制以前用于干燥或浓缩，则可不必限制。

（3）出于实际考虑，不同核素组的准则应该独立地用在每个组中的核素活性之和。

（4）少量消费的食品类型（如每人每年小于 10 kg，菜调料之类的，占总的食物消费中很小的一部分和对个人仅附加很小的辐射），可以有比主要食品的行动水平高出 10 倍的水平。

表 7-5 中的核素选择是根据在核燃料循环中和核电厂及人造卫星中的加热源释放特征并引起食品明显污染问题考虑的。为方便和实际使用，按它们的辐射危害进行分组。

食品限制一般不像撤离和隐蔽那样作为“紧急”的对策，主要原因在于放射性核素进入食物链需要时间。例如，在 ^{137}Cs 沉降到牧草后 1 d 内，牛奶还不会被明显污染，而牛肉的浓度要在几周之后才达到最大值。但是，有一些农业对策如果要很有效（如关闭温室的通风系统以防止放射性烟羽的污染），必须及时采用。

7.2.2 操作干预水平

所谓操作干预水平（Operational Intervention Level，OIL），是指相当于通用干预水平或通用行动水平的任何可以通过现场核辐射监测仪器测量或通过实验室分析确定，并与干预水平或行动水平相当的一种计算水平，通常可以表示为剂量率或释放放射性物质的活度、一段时间内空气、地面或地表、或环境介质、食品（或饮水）的放射性核素活度浓度。制订核应急计划阶段，应当建立并预设适合本核电厂及所在厂址条件的各级 OIL，并在核事故期间，根据实际条件和监测结果等对 OIL 进行必要的修正。

7.2.2.1　预设 OIL 值的主要依据

对于特定核电厂，核应急计划中预设各 OIL 值的主要依据如下：

重大风险是核应急决策者采取防护行动的基本依据。应当将受照剂量保持在低于确定性效应阈值之下，以防发生确定性效应。此时，采取预防性紧急防护行动在任何情况下都是正当的。威胁类型上中的设施出现核应急，如核电厂发生严重堆芯破损和临界事故等。对此类应急，泄漏或辐射照射可能导致严重确定性效应的重大风险，因此，采取预防性紧急防护行动是合理的。

预期剂量是核应急决策者采取防护行动所参考的基础。采取必要防护行动并控制预期剂量可防止发生确定性效应，合理降低随机性效应风险，确保应急人员在执行任务过程中的安全；与此同时，对预期剂量进行评价时，应当考虑剂量在有关人群中分布的不确定性。例如，在评价公众成员受照情况时，应当考虑存在儿童和孕妇的可能性；对选定的确定性效应，应当考虑特定器官和特定辐射的相对生物效能；对既有内照射又有外照射的情况，应当考虑摄入放射性物质和外照射的综合剂量。

已受剂量也是核应急决策者采取防护行动的重要依据。已受剂量是核应急决策者采取以下四种防护行动及其他响应行动的基础：一是对已受剂量超过确定性效应阈值的人员，应当根据需要而提供医疗服务；二是对已受剂量可能带来随机性效应风险增加的人员，应当考虑医学随访，以及早察觉、有效治疗由辐射诱发的癌症；三是对已受剂量超过确定性效应阈值和带来随机性效应风险增加的人员，应当为其提供专家会诊，并为进一步治疗做出合理决定。

7.2.2.2　各级 OIL 预设值及相应的防护行动建议

参考 IAEA 2011 年发表的《国际辐射防护和辐射源安全的基本安全标准》（IBSS）暂行版（IAEA-No.GSR Part 3）（2014 年 7 月正式版本为《辐射防护和辐射源安全：国际基本安全标准》）、安全丛书 No. GSG-2《用于核或辐射应急准备和响应的准则》（通用安全导则、延伸文件《核或辐射应急时与公众的沟通》（2012）和《轻水堆严重工况引起的应急情况时公众防护行动》（2013），我国于 2016 年 11 月发布实施了国家标准《核或辐射应急准备与响应通用准则》（GBZ/T 271—2016），该标准列出了针对各类核与辐射突发事件的各级 OIL 预设值及相应的防护措施，见表 7-6。其中 OIL1～OIL4 的预设值由现场核辐射监测数据得到，OIL5～OIL8 的预设值则通过样品的实验室检测分析得到。

表 7-6 各级 OIL 预设值及相应的防护行动建议

等级	操作干预水平预设值	防护行动建议
OIL1	距表面或源1 m的 γ 剂量率：1 000 源 Sv/h； 表面 β 污染直接测量值：2 000 计数/s； 表面 α 污染直接测量值：50 计数/s	立即撤离或提供坚固的避难场所； 对撤离人员进行去污； 减少不慎食入； 停止食用当地农产品、雨水和当地放牧动物的奶； 撤离人员登记并体检； 如果个人接触过在 1 m 处剂量率等于或超过 1 000 μSv/h 的辐射源，需立即进行体检
OIL2	距表面或源1 m的 γ 剂量率：100 μSv/h； 表面 β 污染直接测量值：2 00 计数/s； 表面 α 污染直接测量值：10 计数/s	在筛查前停止食用当地农产品、雨水和当地放牧动物的奶，并对污染水平使用 OIL5 和 OIL6 进行评价； 在该地区居住的人员暂时避迁，避迁前减少不慎食入，登记和评价该地区居住人员所受的剂量以确定是否需要医学筛查，应当在数日内开始对可能受到最大剂量照射地区的人员实施避迁； 如果个人接触过在1 m处剂量率等于或超过100 μSv/h 的辐射源，应当体检和进行剂量评估，如果孕妇接触过该种源，应当立刻体检和进行剂量评估
OIL3	距表面或源1 m的 γ 剂量率：1 μSv/h； 表面 β 污染直接测量值：2 0 计数/s； 表面 α 污染直接测量值：2 计数/s	停止食用非必需的当地农产品、雨水和当地放牧动物的奶，直到使用 OIL5 和 OIL6 对其进行筛查及污染水平的评价； 筛查距离 OIL3 值超标地区至少 10 倍距离地区的农产品、雨水和在该地区放牧动物的奶，使用 OIL5 和 OIL6 进行评价； 如果不能立即得到必需的当地农产品或奶的替代物，应当考虑提供稳定性碘对甲状腺阻断措施，以防止新鲜衰变产物和放射性碘的污染； 对可能食用来自受限制地区的食物、奶或雨水的人员，应当对其进行剂量评价，以确定是否有需要进行医学筛查

续表

等级	操作干预水平预设值	防护行动建议
OIL4	距表面 1 cm 的γ剂量率：1 μSv/h； 皮肤或服装 β 污染直接测量值：1 000 计数/s； 皮肤或服装 α 污染直接测量值：50 计数/s	皮肤表面去污和减少不慎食入； 登记和体检
OIL5	食物、奶和水 总 α：5 Bq/kg 或 β：100 Bq/kg	高于 OIL5，使用 OIL6 进行评估； 低于 OIL6，在应急阶段的消费是安全的
OIL6	食物、奶和水所含某种放射性核素的活度浓度达到或超出附录 D 所列相应核素的活度浓度值	停止食用非必需的该类食物、奶或水，并根据实际食用率进行评价。立即更换必需的食物、奶和水，如果无可替代的食物、奶和水时，应停止食用非必需的该类食物、奶或水，并根据实际食用率进行评价。立即更换必需的食物、奶和水；若无可替代的食物、奶和水时，应避迁居民； 对于裂变产物（如含碘）和碘的污染，如果无法立即提供必需的食物、奶或水的替代品，考虑提供稳定性碘对甲状腺阻断的措施。 对那些可能已食用来自限制地区的食物、奶或水的人员，应当进行剂量评估，以确定是否需要进行医学筛查
OIL7	轻水堆或乏燃料池意外释放时食物、奶和水中 Cs-137 活度活度：200 Bq/kg 或 I-131 活度浓度：1 000 Bq/kg	停止食用非必需的食物、奶或水； 尽快提供必需的食物、奶和水，对没有这些替代品可用的公众应当避迁； 对可能已食用活度浓度大于 OIL7 的食物、奶或饮水的人员，估计其受照剂量，按照医学响应程序来决定其是否要接受医学随访
OIL8	轻水堆严重工况引起应急情况下人员甲状腺剂量率： ≤7 岁：0.5 μSv/h； ＞7 岁：2 μSv/h	立即：如果没有服用预防药，指导其服碘；指导其减少有害的食入；登记已做监测和记录甲状腺剂量率的人员；对超过 OIL8 者应进行医学筛查。 几天内：估计甲状腺剂量率大于 OIL8 的人员，以确定是否要做医学检查或会诊及随访

对于由现场监测所得数据而给出的 OIL 预设值（OIL1～OIL4），需要说明：如果已知道核与辐射突发事件涉及哪些放射性核素，应当立即对相应

的 OIL 预设值进行修正；OIL1 所提坚固的避难场所主要是指在多层建筑物或砖石建筑物内部封闭大厅，且远离墙壁和窗户；撤离人员的去污，如果难以立即去污，建议撤离人员立即洗浴并更换衣物；建议撤离的人员不应当饮水、进食或吸烟；清洗前，双手不要接触口部；当地农产品主要是指在户外生长，可直接受到污染并在数周内供消费的当地农产品（如蔬菜）；所提外照射剂量率预设值只适用密封危险源，在应急情况下无须修改，且对于良好的放射性污染监测实践，OIL1～OIL3 所定预设值一般指 100 cm 的平均值；限制必需食品可能导致严重的健康效应（如严重营养不良），因此只有在能获得替代食品时才能限制消费必需食品；对于在该地区放牧的个体较小的动物（如山羊）产的奶，应当使用 OIL3 的 1/10 值；短寿命自然产生的氡子体会通过雨水沉积而导致计数率 4 倍或更多倍于本底计数率，应当将该此计数率与应急事件导致的计数率相混淆，停雨后，由于氡子体导致的计数率迅速下降，能在数小时内回到本底水平；OIL3 所提稳定碘只适用几天内并且没有获得替代食物时；所提新鲜衰变产物主要是指最近 1 个月内产生裂变产物所含有的大量碘。

对于样品通过实验室检测分析所得数据而给出的 OIL 预设值（OIL5～OIL8），需要说明：样品的采集和实验室检测分析应当在事件发生后 1 周内实施；OIL5 和 OIL6 主要用于与堆芯和乏燃料池释放无关的其他核与辐射突发应急；对于因轻水堆严重工况引起的应急，由于样品分析时较容易识别并测定 I-131 和 Cs-137 的活度，因此可以取 I-131 和 Cs-137 作为标记放射性核素（指示剂）来确定食物、奶或水是否能安全食用，也可以用由核素 I-131 或 Cs-137 的活度浓度所给 OIL7 预设值来取代 OIL5 和 OIL6 的预设值，且在利用 OIL7 评估活度浓度水平前，应当停止食用和分发非必需的当地生产的食物、野生食物（如蘑菇和野味等），以及放牧动物的奶、雨水和动物饲料。

7.3　应急人员的受照剂量指导值

发生核电厂严重事故时，为了保障抢险救援人员的生命安全，尽可能避免或减少应急人员受到大剂量照射，并尽可能减少受照射应急人员的数量，IAEA 根据承担应急响应任务紧迫性和危险性的不同，将核应急响应行动分成四类，并推荐了与每类响应行动相对应的应急人员受照剂量指导值（应急人员受照剂量的控制量），以及返回剂量率指导值，如表 7-7 所列。

表 7-7　IAEA 推荐的应急人员剂量控制水平与返回剂量率指导值

序号	应急响应任务	返回剂量率指导值/（Sv/h）	剂量控制水平/mSv
1	给他人带来的利益明显大于应急人员本人所承受的危险时，才采取的行动。例如，阻止事态恶化，演变为灾难性事件；阻止或减缓设施出现总体应急，避免大的集体剂量；抢救生命或避免严重损伤	2	＞500，原则上不设上限
2	可能的抢救生命行动。例如，执行场内紧急防护行动；阻止或减缓出现威胁生命的行动（如灭火）；应急区内居民区的环境监测行动；执行场外应急防护行动；防止出现灾难性后果的行动，例如阻止或减缓引起应急状态的行动	0.1	500
3	防止出现严重损伤的行动。例如，对可能发生严重损伤威胁的抢救行动；严重损伤的紧急处置；人员去污；防止出现大集体剂量的行动，如居民区的环境监测；场外防护行动和食物控制的实施	—	100
4	其他应急阶段的响应行动。例如，受照或污染人员的长时间处理；样品的收集和分析；短时间的恢复操作；局部去污；对应急行动的信息发布	—	50

类似地，如表 7-7 所列，根据核应急响应行动的紧迫性和危险性，可以将核应急人员分为以下四类。

7.3.1 第 1 类人员

在核应急救援中，第 1 类人员多承担极其紧迫、危险的任务，往往在事发初期或早期即展开响应行动，给集体带来的利益应当明显大于其本人面临的危险或承受的伤害，类似场内重要设施设备修复，通道开辟和设施封控堵漏等紧迫、意义重大的工程抢险任务，确实能阻止事态恶化、能避免出现灾难性后果的行动，能阻止或减缓核设施出现总体应急，避免公众受到大剂量照射，以及抢救生命或避免人员严重损伤。对这类行动，本着个人自愿，原则上可不设剂量限值。但是，与此同时，一定要尽各种努力，防止出现确定性效应（如把有效剂量保持在 1 000 mSv 以下，可避免严重确定性效应的发生；把剂量降至 500 mSv 以下，则可避免确定性健康效应的发生）。此外，IAEA 推荐给出了 2 Sv/h 的剂量率返回指导值，当环境辐射水平达到 2 Sv/h 时，应撤离该地域，可采取轮班作业方式完成任务，尽可能减少个人受照剂量。

7.3.2 第 2 类人员

在严重核事故情况下，第 2 类人员的救援任务虽没有第 1 类人员的紧迫和危险，但是他们的救援行动也多在事发初期或早期即展开。核应急响应行动时，第 2 类应急人员可能会承担抢救生命的任务，执行场内紧急防护的行动，阻止或减缓出现威胁生命的行动，如搜救危重伤员、灭火等；也会承担在应急区内对居民区实施环境核辐射监测的任务，以确定需采取应急防护行动的区域；还会执行场外的一些应急防护行动，如组织公众疏散和撤离等任务。此外，第 2 类人员同样也会承担阻止出现灾难性后果的现场救援任务，如阻止或减缓引起应急状态的应急行动。第 2 类人员的剂量控制量为 500 mSv，即在执行应急任务时，单次或短时间内个人受照剂量一般不应超过 500 mSv；同样，IAEA 推荐给出了 0.1 Sv/h 的剂量率返回指导值，即当环境辐射水平达到 0.1 Sv/h 时，应撤离该地域，减少个人受照剂量。

7.3.3　第 3 类人员

在核事故应急中，第 3 类人员的行动多在事发早期或中期展开。第 3 类人员属一般应急人员，救援行动主要涉及防止出现人员严重损伤，例如对可能发生严重损伤威胁的人员实施急救；紧急处理严重损伤人员；对受染人员实施去污；采取防止出现大集体剂量的行动，例如对居民区实施环境辐射监测，以及场外的防护行动和食物控制措施的实施等。第 3 类人员的剂量控制量为 100 mSv，即在执行应急任务时，单次或短时间内个人受照剂量一般不应超过 100 mSv。

7.3.4　第 4 类人员

核事故发生后，第 4 类人员的行动多在事发中、后期展开，其行动类似于对事件后果的处置，例如对受照或受染人员的长时间处理；样品的收集和分析；短时间的修复性活动；局部去污；此外也包括向公众发布核应急相关信息等。第 4 类人员的剂量控制量为 50 mSv，即在执行应急任务时，单次或短时间内个人受照剂量一般不应超过 50 mSv，此数值与放射职业人员 5 年中单年单次受照剂量限值相同。

综上，IAEA 列出了核与辐射突发事件中各类应急人员的受照剂量控制水平及返回剂量率指导值，主要目的就是避免应急人员出现严重的确定性效应，同时减少受照应急人员数量。对应急人员进行分类是针对采取不同应急响应行动、制定防护措施的重要基础，所给受照剂量控制水平及返回剂量率指导值是为应急人员实施有效提供的重要指导和参考，在实际行动中，应结合事故实际情况，合理、灵活地把控。

思考练习题

1. 应急干预的基本原则有哪些？

2. 什么是应急干预水平？

3. 核应急响应人员可分为哪几类？

4. 如何应用核应急响应人员的剂量控制量？

5. 在核事故条件下，公众的防护措施有哪些？

6. IAEA 推荐的应急人员剂量控制水平和返回剂量率指导值分别是多少？

附录 A：辐射防护相关术语

辐射防护

研究保护人类（可指全人类、其中一部分或个体成员以及他们的后代）免受或尽量少受电离辐射危害的应用性学科；也指用于保护人类免受或尽量少受电离辐射危害的要求、措施、手段和方法。“辐射”一词广义上可包括非电离辐射，而通常狭义上与放射同义，仅指电离辐射。本标准中辐射防护专指电离辐射防护。

核素

具有特定质子数、中子数和能量状态的一类原子或原子核。

同位素

原子序数相同，但是质量数不同的核素互称同位素。

同位素丰度

一种元素的同位素混合物中，某特定同位素的原子数与该元素的总原子数之比。

同量异位素

具有相同质量数，而原子序数不同的核素称为同量异位素。

原子核质量亏损

Z 个质子质量 $Z \cdot m_p$ 与 $A-Z$ 个中子质量（$A-Z$）m_n 之和与组成质量数为 A 的原子核质量$m(Z,A)$之差，即

$$\Delta m(Z,A) = Z \cdot m_p + (A-Z)m_n - m(Z,A)$$

原子核结合能

核子（质子和中子）结成原子核时释放的能量。

放射性

某些核素自发地放射粒子或γ射线，或在轨道电子俘获后放出X射线，或自发裂变的性质。

放射性衰变

一种自发的核跃迁过程。在这种过程中放出粒子或射线，或发生轨道电子俘获并随后放出X射线，或发生自发核裂变。

衰变常数 λ

某种放射性核素在单位时间内发生自发放射性衰变的概率。衰变常数λ由下式给出：

$$\lambda = -\frac{1}{N}\frac{\mathrm{d}N}{\mathrm{d}t}$$

式中，N为在时间t时刻存在的该核素数目。

α衰变

原子核放射α粒子的放射性衰变的过程，一次α衰变后该原子核的原子序数减少2，质量数减少4。

β衰变

原子核通过弱相互作用放射 β^+粒子、β^-粒子或俘获轨道电子的放射性衰变过程的总称。β^-衰变使该核的原子序数增加1，β^+衰变或轨道电子俘获使该核的原子序数减小1，但是均不改变原子核的质量。

γ跃迁

也称γ退激或γ衰变。处于激发态的原子核通过发射γ射线或内转换电子到较低能态或基态的过程。γ跃迁前后，母核与子核的质子数和中子数均保持不变。

放射性活度 *A*

在给定时刻，数量为N的处在某一特定能态的某种放射性核素在单位时间内发生放射性衰变的次数或数量，简称活度。国际单位专有名称：Bq，1 Bq=1 次/秒。

半衰期 $T_{1/2}$

在特定一种放射性衰变过程中，放射性活度降至其原有值一半时所需的时间，也称物理半衰期。

质量活度

单位质量某种固态物质的放射性活度。

体积活度

单位体积某种液态或气态物质的放射性活度。

表面活度

某种物质表面单位面积的放射性活度。

衰变链

有些放射性核素的产物也具有放射性，这种一代又一代连续进行的衰变为递次衰变或连续衰变，又称衰变链。

核裂变

某些重原子核（如 ^{235}U、^{239}Pu 等），在中子轰击下分裂为两个质量相差不大的中等质量原子核，同时放出 2～3 个中子，并放出巨大能量的核反应过程。

核聚变

两个质量较轻的原子核（如 ^{3}H、^{2}H），在某种条件下聚合成质量较大原子核的核反应过程。

射程

带电粒子从进入某种物质并沿入射方向至完全被吸收所穿过的最大距离。

散射

带电粒子与物质相互作用时，受到物质中原子核及核外电子核力和电磁作用而改变能量或方向的现象。

弹性散射

带电粒子与物质相互作用前后，总动能保持不变的散射。

非弹性散射

带电粒子与物质相互作用前后，总动能发生改变的散射。

韧致辐射

当能量较高的电子通过物质原子核附近时，因其速度的大小和方向发生改变而产生的电磁辐射。

光电效应

γ射线与物质发生相互作用时，将所有能量传递给原子某一壳层电子，使该电子脱离原子核束缚而成为自由电子，且γ射线消失的现象。

康普顿散射

γ射线与物质发生相互作用时，将部分能量传递给原子某一壳层电子，使该电子脱离原子核束缚而成为自由电子，γ射线损失部分能量且改变方向的现象。

电子对产生

能量大于2倍静止电子能量（$E_{\gamma}>1.02$ MeV）的γ射线与物质发生相互作用时，当γ射线经过原子核附近时，γ射线被原子核吸收，转化为一个电子和一个正电子的现象。

辐射俘获

中子与物质相互作用时，中子被物质原子核吸收而形成不稳定核素，该核素退激发出γ射线的核反应过程。

天然辐射

主要指宇宙射线、宇生放射性核素和原生放射性核素。其中，宇宙射线主要指来自太阳和外层空间的高能粒子或射线；宇生放射性核素为宇宙射线与大气中的原子核发生相互作用时产生的放射性核素；原生放射性核素是指从地球形成时即存在于地球外壳的放射性核素以及铀系和钍系等衰变链的放射性子体等。

核设施

生产、加工、使用、处理、贮存或处置核材料的设施，包括相关建筑物和设备。

核燃料

含有易裂变核素，能在核反应堆里实现自持裂变链式反应的材料。

核燃料循环

核燃料的获得、使用、处理和回收再利用的全过程，一般包括核资源开发和燃料加工、燃料在反应堆中使用以及乏燃料处理三大部分。

乏燃料

辐照达到计划卸料比燃耗后，从核反应堆内卸出且不再于该堆中使用的核燃料。

前端阶段

指燃料进入反应堆之前的制备阶段，主要包括铀矿冶、铀转化、铀浓缩和燃料元件制造等过程。

反应堆阶段

核燃料在反应堆中进行裂变反应产生能量的阶段。

后端阶段

核燃料从反应堆中被卸出进行后处理和处置的阶段。

核与辐射突发事件

核与辐射突发事件是核突发事件与辐射突发事件的统称，指人为或自然灾害等原因致使核设施、核装置、核武器、核材料发生涉及反应堆的意外，放射性物质或其他放射源发生辐射照射意外，造成或可能造成重大人员伤亡、财产损失、环境破坏和严重社会危害，危及公共安全的紧急事件。根据事件的源项及性质不同，核与辐射突发事件可分为核事故、辐射事故及核与辐射恐怖事件。

核事故

核设施内核燃料、放射性产物、放射性废物或者运入运出核设施的核材料发生的放射性、毒害性、爆炸性或者其他危害性事故，或者一系列事故，核事故主要包括核反应堆、核材料临界、核武器等各种核设施发生的事故。

严重核事故

严重性超出设计基准事故并造成堆芯明显恶化的事故工况。

辐射事故

因放射源丢失被盗失控或因放射性同位素和射线装置的设备故障或操作失误导致人员受到异常照射的意外事件。

核与辐射恐怖事件

恐怖组织或个人通过威慑（恐吓）使用或实际使用能释放放射性物质的装置（包括粗糙核爆装置），或通过威慑（恐吓）袭击或实际袭击核设施（包括重大的放射源辐照设施）、核活动，引起放射性物质释放，导致显著数量人群的心理影响、社会影响或一定数量人员伤亡，从而破坏国家公务、民众生活、社会安定与经济发展等的恐怖事件。

吸收剂量 *D*

表示单位质量物质吸收电离辐射能量大小的物理量。国际单位专有名称：Gy，1 Gy=1 J/kg。

比释动能 *K*

不带电的电离辐射（如X光子和中子、γ光子和中子）与物质相互作用时，在单位质量物质中释放的全部带电粒子初始动能之和。国际单位与吸收剂量的国际单位相同，专有名称：Gy，1 Gy=1 J/kg。

照射量 *X*

X射线或γ射线在单位质量空气中引起电离而产生多少电荷量的物理量。国际单位：C/kg，过去曾使用的专用单位：伦琴，简称伦，记作R。$1R=2.58\times10^{-4}$ C/kg。

剂量与剂量率

在特定时间内，某一对象接受或“吸收”辐射能量的一种量度。根据上下文，可以指吸收剂量、当量剂量、剂量当量、有效剂量、待积当量剂量或待积有效剂量等。当未明确规定有关量时，经常可省略修饰词；剂量率则为单位时间内的剂量。

当量剂量 $H_{T,R}$

特定某种辐射 R 在人体组织或器官 T 中造成的平均吸收剂量 $D_{T,R}$ 与辐射 R 对应辐射权重因数 W_R 的乘积。国际单位专有名称：Sv，1 Sv=1 J/kg，与剂量当量单位相同。

剂量当量 H

在人体组织内所关心一点处的吸收剂量 D、辐射品质因数 Q 和其他修正因子乘积 N 的乘积。国际单位专有名称：Sv，1 Sv=1 J/kg。

有效剂量 E

当所考虑辐射生物效应是随机性效应时，在全身受不均匀电离辐射照射情况下，人体所有组织或器官的当量剂量 H_T 进行加权求和得到的值。有效剂量 E 用下式计算：

$$E = \sum H_T W_T$$

式中，W_T 为器官或组织的权重因数，用以体现该器官或组织的辐射敏感性。

个人剂量当量 H_p（d）

人体某一指定点下面适当深度 d 处软组织内的剂量当量 H_p（d）。对于体外强贯穿辐射，推荐 d=10 mm；对于体外皮肤照射，推荐 d=0.07 mm；对于眼晶体，推荐 d=0.3 mm。

摄入

放射性核素通过吸入或食入，或经由皮肤进入人体的过程。

待积剂量

是指待积吸收剂量、待积有效剂量或待积当量剂量。其中，待积吸收剂量 D（τ）是指从摄入放射性物质时刻 t_0 至经过 τ 时间积累的吸收剂量，对于成年人通常 τ 取 50 年，对于儿童待积剂量计算至 70 岁；类似地，待积当量剂量 H_T（τ）是指从摄入放射性物质时刻 t_0 至经过 τ 时间积累的当量剂量。

待积有效剂量

从摄入放射性物质时刻 t_0 至经过 τ 时间积累的有效剂量，对于成年人

通常 τ 取 50 年，对于儿童待积剂量计算至 70 岁。

集体剂量

对于给定的群体，群体内平均每个成员的剂量与该群体内成员数的乘积，对其中用以确定剂量的器官要加以规定。

预计剂量（或预期剂量）*PD*

在核应急条件下，特定阶段内不采取特定防护措施，预期对人员造成的剂量。

可避免剂量（可防止剂量）*AD*

也称可防止剂量，在核应急条件下，特定阶段内采取特定防护措施而使人员免受的剂量。

剩余剂量 *RD*

在核应急条件下，特定阶段内预期剂量与可避免剂量之差，即 $RD=PD-AD$。

ICRU 球

直径 30 cm、密度 1 g/cm^3 由组织等效材料构成的球体，质量成分为氧 76.2%、碳 11.1%、氢 10.1%和氮 2.6%。

组织等效材料

对给定辐射的吸收和散射特性与某种生物组织（如软组织、肌肉、骨骼或脂肪）相近似的材料。

周围吸收剂量 $D^*(d)$

用于环境辐射监测，是指相应的扩展齐向辐射场在 ICRU 球内，针对入射方向半径上深度 d 处产生的吸收剂量，适用于 γ 辐射和中子监测，通常对于强贯穿辐射 d 取 10 mm，即 $D^*(10)$。

定向吸收剂量 *D* 向（*d*、*Ω*）

用于环境辐射监测，通常用 D（0.07）代表相应扩展辐射场在 ICRU 球体内，β 射线在指定方向 Ω 处，半径深度 d=0.07 mm 产生的吸收剂量。

个人吸收剂量 D_p（d）

人体某一指定位置下面深度 d 处的软组织吸收剂量，通常用 D_p（d）表示 γ 辐射和中子外照射在人体深度 d=10 mm 处软组织的吸收剂量。

外照射

辐射源在体外对人体的照射。

内照射

辐射源在体内对人体的照射。

随机性效应

发生的概率（不是严重程度）与剂量大小有关的辐射生物效应，假设这种效应发生的概率正比于剂量。

非随机性效应（确定性效应）

有剂量阈值的一类电离辐射生物效应，严重程度取决于受照剂量大小。

严重确定性效应

能引起死亡或生命威胁的确定性效应或可能导致生活质量降低的永久性损害。

近期效应（早期效应）

一次或短期内多次受到较大剂量照射后，早期（如数周内）发生的有害效应。

远期效应（晚期效应）

一次受到较大或多次受到较小剂量照射后远期发生的有害效应，一般指受照数年以后出现的效应，如白血病和其他癌症。

急性放射病

人体一次或短时间（数日）内受到大剂量照射而引起的全身性疾病。通常，一次全身均匀或较均匀地受到约 1 Gy 剂量照射时，有可能产生轻度急性放射性病。

慢性放射病

人体在较长时间内连续或间断受到超剂量当量限值的照射，达到一定累积剂量后引起的以造血组织损伤为主并伴有其他系统改变的全身性疾病。

急性应激反应

异乎寻常的躯体心理应激引起的一过性障碍，当事人没有明显的精神障碍，通常几小时或几天就可平息，个体的易感性和应对能力与急性应激反应的发生和严重程度有关。

剂量限值 *DL*

受控实践中使个人受到的有效剂量或当量剂量不得超过的值。

基本剂量限值

简称基本限值，辐射防护剂量限制制度中的基本限值。

导出剂量限值

简称导出限值，为了辐射防护实际工作的需要，根据适应于特定情况的一定模式，由基本剂量限值导出的限值，如空气污染、表面污染和环境污染限值等。

放射性核素年摄入限值

参考人在一年内经吸入、食入或通过皮肤摄入某种给定放射性核素的量所产生的待积剂量等于相应的剂量限值。

空气导出浓度

年摄入量限值除以参考人在一年工作时间中吸入的空气体积（通常取 $2.4\times10^3\ m^3$）所得的商。

年摄入量限值

参考人在一年时间内经吸入、食入或通过皮肤所摄入的某种给定放射性核素的量，其所产生的待积剂量等于相应的剂量限值。

表面污染控制水平

为了控制人的体表、衣物、器械、设备及场所等表面放射性污染而规定的控制水平。

指导水平

也称指导值，一个指定量的水平，高于该水平时应考虑采取相应的行动。在某些情况下，指定量可能低于指导水平时，可能也需要考虑采取行动。

职业照射

除国家法规、标准所排除的照射以及按规定已予以豁免的实践或源产生的照射以外，工作人员在其工作过程中所受的所有照射。

公众

除职业受照人员和医疗受照人员以外的任何社会成员，核事故条件下特指居住或滞留在发生核事故的核设施周围的广大人群和核事故应急情况下的有关人员。

公众照射

公众所受的辐射源的照射，不包括职业性照射、医疗照射和当地正常的天然本底辐射的照射，但包括经批准的源和实践产生的照射和在干预情况下受到的照射。

过量照射

在应急或事故情况下，个人受照剂量超过年有效剂量限值的照射，可以以全身均匀照射 100 mSv 为界划分轻度过量照射与明显过量照射。

异常照射

当辐射源失去控制时，工作人员或公众中的成员受到可能超过相关规定正常情况下的剂量限值的照射。

事故照射

在事故情况下受到的异常照射的一种，是非自愿的意外照射，不同于应急照射。

应急照射

异常照射的一种，在发生事故时或之后，为了抢救遇险人员、阻止事态扩大或其他应急情况而有组织地自愿接受的照射。

生物半排期

当某个生物系统中的某种指定的放射性核素的排出速率近似地服从指数规律时，由于生物过程使该核素在系统中的总量减到一半时所需的时间。

有效半减期

进入人体后的某种指定的放射性核素总量由于放射性衰变和生物排出的综合作用，在全身或某一器官内的数量按指数规律减少一半时所需的时间。

干预

任何意在减小或避免不属于受控实践的，或因事故而失控的源所致的照射或照射可能性的行动。

干预水平

针对应急照射情况或持续照射情况而预先制定的可防止的剂量水平，达到或超过这一水平时，应采取相应的防护行动或补救措施。

通用干预水平

国际上推荐的，具有一定通用性的干预水平。

行动水平

在慢性照射或应急照射情况下，应采取补救行动或防护行动的剂量率水平或放射性浓度水平。

通用行动水平

国际上推荐的，在持续性照射或应急照射情况下，用于控制食品的通用的干预水平，表示为食物、牛奶、水中的活度浓度。

操作干预水平

可以通过仪器测量或通过实验室分析确定，并与干预水平或行动水平相当的一种计算水平，通常可表示为剂量率或释放放射性物质的活度、一段时间内空气、地面或地表、环境介质、食品（或饮水）的放射性核素活度浓度。

应急

需要立即采取某种超出正常工作程序的行动，以避免事故发生或减轻事故后果的状态或事件，也称紧急情况，同时也泛指立即采取某种超出正常工作程序的行动。

核或辐射应急

由于核链式反应或链式反应产物的衰变能量或射线照射，造成或预计将造成危害的紧急情况。

应急计划

经过审批，全面描述核电站营运单位的应急响应功能、组织与职责、设施与设备，以及和外部应急组织间协调和相互支援关系的文件，是制订其他计划、程序和检查表的基础。应急计划有专门的执行程序加以补充。

应急准备

针对做好核应急响应而进行的事先的准备工作。应急准备包括建立应急组织，编制应急计划及执行程序，准备必要的应急设施、设备、器材，以及进行人员的培训、演习等。

应急响应

旨在缓解核或辐射紧急情况对人员健康和安全、生活质量、财产和环境的影响所采取的行动，也可以为恢复正常的社会和经济活动提供基础。

场区

具有确定边界，受核电站营运单位有效控制的核电站所在区域。

场外

场区以外的所有地区。

场内

场区内。

应急响应设施

用于应急响应目的的设施。场内应急响应设施一般包括控制室、备用控制点、技术支持中心、运行支持中心、应急指挥中心、应急通信设施、应急监测与评价设施、医学救护设施，以及公众信息中心等。

应急状态分级

应急状态级别的划分。我国将核电站应急状态划分为以下四个等级：应急待命、厂房应急、场区应急和场外应急（总体应急）。

应急待命

出现可能危及工厂安全的某些特定工况或外部事件。工厂有关人员进入待命状态，场外某些应急组织可能得到通知。

厂房应急

辐射后果仅限于工厂某个厂房内或有限区域，按营运单位应急计划，厂内人员行动，场外有关应急组织得到通知。

场区应急

辐射后果限于场区内，场区人员行动，场外应急组织得到通知，某些场外应急组织也可能行动。

场外应急

辐射后果已超越场区边界，场内场外人员行动，需实施总体应急计划。

应急状态初始条件

一套预先确定的核电站状态，在这种状态下对应的某种应急状态已经出现或可能出现。

应急计划区

为在事故时能及时、有效地采取保护公众的防护行动，事先在核电站周围划定的、制订有应急计划并做好应急准备的区域。我国目前将应急计划区分为两类：针对烟羽照射途径的烟羽应急计划区和针对食入照射途径的食入应急计划区。

防护行动

应急状态下为避免或减少工作人员和公众可能接受的剂量而采取的干预。有时也称为应急防护措施。

纠正行动

为终止或缓解应急状态的后果，在导致应急的出事地点或其附近所采取的措施和行动，如堆芯损坏缓解控制、紧急检修、灭火、厂房内水淹处理以及抗风灾、地震灾害等。

附录 B：常用辐射量国际单位与常用单位换算关系

常用辐射量国际单位与专用单位换算关系表

量与符号	单位名称与符号		换算关系
	国际单位制单位	非国际单位制单位	
（放射性）活度 A	贝可（勒尔），Bq	居里，Ci	1 Bq=1 次/s 1 Bq=2.703×10^{-11} Ci 1 Ci=$3.7\times Ci^{11}$ Bq
吸收剂量 D	戈（瑞），Gy	拉德，rad	
吸收剂量率 $\dot{D}$	戈（瑞）/秒，Gy/s	拉德/秒，rad/s	
当量剂量	希（沃特），Sv	镭姆，rem	
当量剂量率 $\dot{H}$	希（沃特）/秒，Sv/s	镭姆/秒，rem/s	
照射量 X	库伦/千克，C/kg	伦（琴），R	
照射量率 $\dot{X}$	库伦/（千克·秒），C/（kg·s）	伦（琴）/秒，R/s	
（作用）截面	米 ^{2}，m^2	靶恩，b	

附录 C：常用核素放射源分类

常用核素放射源分类表 单位：Bq

核素名称	I 类源	II 类源	III类源	IV类源	V 类源
Am-241	$\geqslant 6\times10^{13}$	$\geqslant 6\times10^{11}$	$\geqslant 6\times10^{10}$	$\geqslant 6\times10^{8}$	$\geqslant 1\times10^{4}$
Am-241/Bc	$\geqslant 6\times10^{13}$	$\geqslant 6\times10^{11}$	$\geqslant 6\times10^{10}$	$\geqslant 6\times10^{8}$	$\geqslant 1\times10^{4}$
Au-198	$\geqslant 2\times10^{14}$	$\geqslant 2\times10^{12}$	$\geqslant 2\times10^{11}$	$\geqslant 2\times10^{9}$	$\geqslant 1\times10^{6}$
Ba-133	$\geqslant 2\times10^{14}$	$\geqslant 2\times10^{12}$	$\geqslant 2\times10^{11}$	$\geqslant 2\times10^{9}$	$\geqslant 1\times10^{6}$
C-14	$\geqslant 5\times10^{16}$	$\geqslant 5\times10^{14}$	$\geqslant 5\times10^{13}$	$\geqslant 5\times10^{11}$	$\geqslant 1\times10^{7}$
Cd-109	$\geqslant 2\times10^{16}$	$\geqslant 2\times10^{14}$	$\geqslant 2\times10^{13}$	$\geqslant 2\times10^{11}$	$\geqslant 1\times10^{6}$
Ce-141	$\geqslant 1\times10^{15}$	$\geqslant 1\times10^{13}$	$\geqslant 1\times10^{12}$	$\geqslant 1\times10^{10}$	$\geqslant 1\times10^{7}$
Ce-144	$\geqslant 9\times10^{14}$	$\geqslant 9\times10^{12}$	$\geqslant 9\times10^{11}$	$\geqslant 9\times10^{9}$	$\geqslant 1\times10^{5}$
Cf-252	$\geqslant 2\times10^{13}$	$\geqslant 2\times10^{11}$	$\geqslant 2\times10^{10}$	$\geqslant 2\times10^{8}$	$\geqslant 1\times10^{4}$
Cl-36	$\geqslant 2\times10^{16}$	$\geqslant 2\times10^{14}$	$\geqslant 2\times10^{13}$	$\geqslant 2\times10^{11}$	$\geqslant 1\times10^{6}$
Cm-242	$\geqslant 4\times10^{13}$	$\geqslant 4\times10^{11}$	$\geqslant 4\times10^{10}$	$\geqslant 4\times10^{8}$	$\geqslant 1\times10^{5}$
Cm-244	$\geqslant 5\times10^{13}$	$\geqslant 5\times10^{11}$	$\geqslant 5\times10^{10}$	$\geqslant 5\times10^{8}$	$\geqslant 1\times10^{4}$
Co-57	$\geqslant 7\times10^{14}$	$\geqslant 7\times10^{12}$	$\geqslant 7\times10^{11}$	$\geqslant 7\times10^{9}$	$\geqslant 1\times10^{6}$
Co-60	$\geqslant 3\times10^{13}$	$\geqslant 3\times10^{11}$	$\geqslant 3\times10^{10}$	$\geqslant 3\times10^{8}$	$\geqslant 1\times10^{5}$
Cr-51	$\geqslant 2\times10^{15}$	$\geqslant 2\times10^{13}$	$\geqslant 2\times10^{12}$	$\geqslant 2\times10^{10}$	$\geqslant 1\times10^{7}$
Cs-134	$\geqslant 4\times10^{13}$	$\geqslant 4\times10^{11}$	$\geqslant 4\times10^{10}$	$\geqslant 4\times10^{8}$	$\geqslant 1\times10^{4}$
Cs-137	$\geqslant 1\times10^{14}$	$\geqslant 1\times10^{12}$	$\geqslant 1\times10^{11}$	$\geqslant 1\times10^{9}$	$\geqslant 1\times10^{4}$
Eu-152	$\geqslant 6\times10^{13}$	$\geqslant 6\times10^{11}$	$\geqslant 6\times10^{10}$	$\geqslant 6\times10^{8}$	$\geqslant 1\times10^{6}$
Eu-154	$\geqslant 6\times10^{13}$	$\geqslant 6\times10^{11}$	$\geqslant 6\times10^{10}$	$\geqslant 6\times10^{8}$	$\geqslant 1\times10^{6}$

续表

核素名称	Ⅰ类源	Ⅱ类源	Ⅲ类源	Ⅳ类源	Ⅴ类源
Fe-55	$\geqslant 8 \times 10^{17}$	$\geqslant 8 \times 10^{15}$	$\geqslant 8 \times 10^{14}$	$\geqslant 8 \times 10^{12}$	$\geqslant 1 \times 10^{6}$
Gd-153	$\geqslant 1 \times 10^{15}$	$\geqslant 1 \times 10^{13}$	$\geqslant 1 \times 10^{12}$	$\geqslant 1 \times 10^{10}$	$\geqslant 1 \times 10^{7}$
Ge-68	$\geqslant 7 \times 10^{14}$	$\geqslant 7 \times 10^{12}$	$\geqslant 7 \times 10^{11}$	$\geqslant 7 \times 10^{9}$	$\geqslant 1 \times 10^{5}$
H-3	$\geqslant 2 \times 10^{18}$	$\geqslant 2 \times 10^{16}$	$\geqslant 2 \times 10^{15}$	$\geqslant 2 \times 10^{13}$	$\geqslant 1 \times 10^{9}$
Hg-203	$\geqslant 3 \times 10^{14}$	$\geqslant 3 \times 10^{12}$	$\geqslant 3 \times 10^{11}$	$\geqslant 3 \times 10^{9}$	$\geqslant 1 \times 10^{5}$
I-125	$\geqslant 2 \times 10^{14}$	$\geqslant 2 \times 10^{12}$	$\geqslant 2 \times 10^{11}$	$\geqslant 2 \times 10^{9}$	$\geqslant 1 \times 10^{6}$
I-131	$\geqslant 2 \times 10^{14}$	$\geqslant 2 \times 10^{12}$	$\geqslant 2 \times 10^{11}$	$\geqslant 2 \times 10^{9}$	$\geqslant 1 \times 10^{6}$
Ir-192	$\geqslant 8 \times 10^{13}$	$\geqslant 8 \times 10^{11}$	$\geqslant 8 \times 10^{11}$	$\geqslant 8 \times 10^{8}$	$\geqslant 1 \times 10^{4}$
Kr-85	$\geqslant 3 \times 10^{16}$	$\geqslant 3 \times 10^{14}$	$\geqslant 3 \times 10^{13}$	$\geqslant 3 \times 10^{11}$	$\geqslant 1 \times 10^{4}$
Mo-99	$\geqslant 3 \times 10^{14}$	$\geqslant 3 \times 10^{12}$	$\geqslant 3 \times 10^{11}$	$\geqslant 3 \times 10^{9}$	$\geqslant 1 \times 10^{6}$
Nb-95	$\geqslant 9 \times 10^{13}$	$\geqslant 9 \times 10^{11}$	$\geqslant 9 \times 10^{10}$	$\geqslant 9 \times 10^{8}$	$\geqslant 1 \times 10^{6}$
Ni-63	$\geqslant 6 \times 10^{16}$	$\geqslant 6 \times 10^{14}$	$\geqslant 6 \times 10^{13}$	$\geqslant 6 \times 10^{11}$	$\geqslant 1 \times 10^{8}$
Np-237(Pa-233)	$\geqslant 7 \times 10^{13}$	$\geqslant 7 \times 10^{11}$	$\geqslant 7 \times 10^{10}$	$\geqslant 7 \times 10^{8}$	$\geqslant 1 \times 10^{3}$
P-32	$\geqslant 1 \times 10^{16}$	$\geqslant 1 \times 10^{14}$	$\geqslant 1 \times 10^{13}$	$\geqslant 1 \times 10^{11}$	$\geqslant 1 \times 10^{5}$
Pd-103	$\geqslant 9 \times 10^{16}$	$\geqslant 9 \times 10^{14}$	$\geqslant 9 \times 10^{13}$	$\geqslant 9 \times 10^{11}$	$\geqslant 1 \times 10^{8}$
Pm-147	$\geqslant 4 \times 10^{16}$	$\geqslant 4 \times 10^{14}$	$\geqslant 4 \times 10^{13}$	$\geqslant 4 \times 10^{11}$	$\geqslant 1 \times 10^{7}$
Po-210	$\geqslant 6 \times 10^{13}$	$\geqslant 6 \times 10^{11}$	$\geqslant 6 \times 10^{10}$	$\geqslant 6 \times 10^{8}$	$\geqslant 1 \times 10^{4}$
Pu-238	$\geqslant 6 \times 10^{13}$	$\geqslant 6 \times 10^{11}$	$\geqslant 6 \times 10^{11}$	$\geqslant 6 \times 10^{8}$	$\geqslant 1 \times 10^{4}$
Pu-239/Be	$\geqslant 6 \times 10^{13}$	$\geqslant 6 \times 10^{11}$	$\geqslant 6 \times 10^{11}$	$\geqslant 6 \times 10^{9}$	$\geqslant 1 \times 10^{4}$
Pu-239	$\geqslant 6 \times 10^{13}$	$\geqslant 6 \times 10^{11}$	$\geqslant 6 \times 10^{10}$	$\geqslant 6 \times 10^{8}$	$\geqslant 1 \times 10^{4}$
Pu-240	$\geqslant 6 \times 10^{13}$	$\geqslant 6 \times 10^{11}$	$\geqslant 6 \times 10^{10}$	$\geqslant 6 \times 10^{8}$	$\geqslant 1 \times 10^{3}$
Pu-242	$\geqslant 7 \times 10^{13}$	$\geqslant 7 \times 10^{11}$	$\geqslant 7 \times 10^{10}$	$\geqslant 7 \times 10^{8}$	$\geqslant 1 \times 10^{4}$
Pa-226	$\geqslant 4 \times 10^{13}$	$\geqslant 4 \times 10^{11}$	$\geqslant 4 \times 10^{10}$	$\geqslant 4 \times 10^{8}$	$\geqslant 1 \times 10^{4}$
Rc-188	$\geqslant 1 \times 10^{15}$	$\geqslant 1 \times 10^{13}$	$\geqslant 1 \times 10^{12}$	$\geqslant 1 \times 10^{10}$	$\geqslant 1 \times 10^{5}$

续表

核素名称	Ⅰ类源	Ⅱ类源	Ⅲ类源	Ⅳ类源	Ⅴ类源
Ru-103(Rh-103m)	$\geqslant 1\times10^{14}$	$\geqslant 1\times10^{12}$	$\geqslant 1\times10^{11}$	$\geqslant 1\times10^{9}$	$\geqslant 1\times10^{6}$
Ru-106(Rh-106)	$\geqslant 3\times10^{14}$	$\geqslant 3\times10^{12}$	$\geqslant 3\times10^{11}$	$\geqslant 3\times10^{9}$	$\geqslant 1\times10^{5}$
S-35	$\geqslant 6\times10^{16}$	$\geqslant 6\times10^{14}$	$\geqslant 6\times10^{13}$	$\geqslant 6\times10^{11}$	$\geqslant 1\times10^{8}$
Se-75	$\geqslant 2\times10^{14}$	$\geqslant 2\times10^{12}$	$\geqslant 2\times10^{11}$	$\geqslant 2\times10^{9}$	$\geqslant 1\times10^{6}$
Sr-89	$\geqslant 2\times10^{16}$	$\geqslant 2\times10^{14}$	$\geqslant 2\times10^{13}$	$\geqslant 2\times10^{11}$	$\geqslant 1\times10^{6}$
Sr-90(Y-90)	$\geqslant 1\times10^{15}$	$\geqslant 1\times10^{13}$	$\geqslant 1\times10^{12}$	$\geqslant 1\times10^{10}$	$\geqslant 1\times10^{4}$
Tc-99^{m}	$\geqslant 7\times10^{14}$	$\geqslant 7\times10^{12}$	$\geqslant 7\times10^{11}$	$\geqslant 7\times10^{9}$	$\geqslant 1\times10^{7}$
Te-132(1-132)	$\geqslant 3\times10^{13}$	$\geqslant 3\times10^{11}$	$\geqslant 3\times10^{10}$	$\geqslant 3\times10^{8}$	$\geqslant 1\times10^{7}$
Th-230	$\geqslant 7\times10^{13}$	$\geqslant 7\times10^{11}$	$\geqslant 7\times10^{10}$	$\geqslant 7\times10^{8}$	$\geqslant 1\times10^{4}$
Tl-204	$\geqslant 2\times10^{16}$	$\geqslant 2\times10^{14}$	$\geqslant 2\times10^{13}$	$\geqslant 2\times10^{11}$	$\geqslant 1\times10^{4}$
Tm-170	$\geqslant 2\times10^{16}$	$\geqslant 2\times10^{14}$	$\geqslant 2\times10^{13}$	$\geqslant 2\times10^{11}$	$\geqslant 1\times10^{6}$
Y-90	$\geqslant 5\times10^{15}$	$\geqslant 5\times10^{13}$	$\geqslant 5\times10^{12}$	$\geqslant 5\times10^{10}$	$\geqslant 1\times10^{5}$
Y-91	$\geqslant 8\times10^{15}$	$\geqslant 8\times10^{13}$	$\geqslant 8\times10^{12}$	$\geqslant 8\times10^{10}$	$\geqslant 1\times10^{6}$
Yb-169	$\geqslant 3\times10^{14}$	$\geqslant 3\times10^{12}$	$\geqslant 3\times10^{11}$	$\geqslant 3\times10^{9}$	$\geqslant 1\times10^{7}$
Zn-65	$\geqslant 1\times10^{14}$	$\geqslant 1\times10^{12}$	$\geqslant 1\times10^{11}$	$\geqslant 1\times10^{9}$	$\geqslant 1\times10^{6}$
Zr-95	$\geqslant 4\times10^{13}$	$\geqslant 4\times10^{11}$	$\geqslant 4\times10^{10}$	$\geqslant 4\times10^{8}$	$\geqslant 1\times10^{6}$

附录 D：放射性核素 OIL6 预设值

不同放射性核素 OIL6 预设值表（也称预置值）　　单位：Bq/kg

放射性核素	OIL6 预置值	放射性核素	OIL6 预置值	放射性核素	OIL6 预置值	放射性核素	OIL6 预置值
^{3}H	2×10^{5}	^{54}Mn	9×10^{3}	^{76}Br	3×10^{6}	$^{95m}TC^{a}$	3×10^{4}
^{7}Be	7×10^{5}	^{56}Mn	3×10^{7}	^{77}Br	5×10^{6}	^{96}TC	2×10^{5}
^{10}Be	3×10^{3}	$^{52}Fe^{a}$	2×10^{6}	^{82}Br	1×10^{6}	^{96m}TC	2×10^{9}
^{11}C	2×10^{9}	^{55}Fe	1×10^{4}	^{81}Rb	8×10^{7}	^{97}TC	4×10^{4}
^{14}C	1×10^{4}	^{59}Fe	9×10^{3}	^{83}Rb	7×10^{3}	^{97m}TC	2×10^{4}
^{18}F	2×10^{8}	^{60}Fe	7×10^{1}	^{84}Rb	1×10^{4}	^{98}TC	2×10^{3}
^{22}Na	2×10^{3}	^{55}Co	1×10^{6}	^{86}Rb	1×10^{4}	^{99}TC	4×10^{3}
^{24}Na	4×10^{6}	^{56}Co	4×10^{3}	^{87}Rb	2×10^{3}	^{99m}TC	2×10^{8}
$^{28}Mg^{a}$	4×10^{5}	^{57}Co	2×10^{4}	$^{82}Sr^{a}$	5×10^{3}	^{97}Ru	2×10^{6}
^{26}Al	1×10^{3}	^{58}Co	2×10^{4}	^{85}Sr	3×10^{4}	$^{103}Ru^{a}$	3×10^{4}
^{31}Si	5×10^{7}	^{58m}Co	9×10^{7}	^{85m}Sr	3×10^{9}	^{105}Ru	2×10^{7}
$^{32}Si^{a}$	9×10^{2}	^{60}Co	8×10^{2}	^{87m}Sr	3×10^{8}	$^{106}Ru^{a}$	6×10^{2}
^{32}P	2×10^{4}	^{59}Ni	6×10^{4}	^{89}Sr	6×10^{3}	^{99}Rh	1×10^{5}
^{33}P	1×10^{5}	^{63}Ni	2×10^{4}	$^{90}Sr^{a}$	2×10^{2}	^{101}Rh	8×10^{3}
^{35}S	1×10^{4}	^{65}Ni	4×10^{7}	^{91}Sr	3×10^{6}	^{102}Rh	2×10^{3}
^{36}Cl	3×10^{3}	^{64}Cu	1×10^{7}	^{92}Sr	2×10^{7}	^{102m}Rh	5×10^{3}
^{38}Cl	3×10^{8}	^{67}Cu	8×10^{5}	$^{87}Y^{a}$	4×10^{5}	^{103m}Rh	5×10^{9}

续表

放射性核素	OIL6预置值	放射性核素	OIL6预置值	放射性核素	OIL6预置值	放射性核素	OIL6预置值
^{40}K	Na[b,c]	^{65}Zn	2×10^{3}	^{88}Y	9×10^{3}	^{105}Rh	1×10^{6}
^{42}K	3×10^{6}	^{69}Zn	6×10^{8}	^{90}Y	9×10^{4}	^{103}Pd[a]	2×10^{5}
^{43}K	4×10^{6}	^{69m}Zn[a]	3×10^{6}	^{91}Y	5×10^{3}	^{107}Pd	7×10^{4}
^{41}Ca	4×10^{4}	^{67}Ga	1×10^{6}	^{91m}Y	2×10^{9}	^{109}Pd[a]	2×10^{6}
^{45}Ca	8×10^{3}	^{68}Ga	2×10^{8}	^{92}Y	1×10^{7}	^{105}Ag	5×10^{4}
^{47}Ca[a]	5×10^{4}	^{72}Ga	1×10^{6}	^{93}Y	1×10^{6}	^{108m}Ag[a]	2×10^{3}
^{44}Sc	1×10^{7}	^{68}Ge[a]	3×10^{3}	^{88}Zr	3×10^{4}	^{110m}Ag[a]	2×10^{3}
^{46}Sc	8×10^{3}	^{71}Ge	5×10^{6}	^{93}Zr	2×10^{4}	^{111}Ag	7×10^{4}
^{47}Sc	4×10^{5}	^{77}Ge	6×10^{6}	^{95}Zr[a]	6×10^{3}	^{109}Cd[a]	3×10^{3}
^{48}Sc	3×10^{5}	^{72}As	4×10^{5}	^{97}Zr[a]	5×10^{5}	^{113m}Cd	4×10^{2}
^{44}Ti[a]	6×10^{2}	^{73}As	3×10^{4}	^{93m}Nb	2×10^{4}	^{115}Cd[a]	2×10^{5}
^{48}V	3×10^{4}	^{74}As	3×10^{4}	^{94}Nb	2×10^{3}	^{115m}Cd	6×10^{3}
^{49}V	2×10^{5}	^{76}As	4×10^{5}	^{95}Rb	5×10^{4}	^{111}In	1×10^{6}
^{51}Cr	8×10^{5}	^{77}As	1×10^{6}	^{97}Nb	2×10^{8}	^{113m}In	4×10^{8}
^{52}Mn	1×10^{5}	^{75}Se	4×10^{3}	^{93}Mo	3×10^{3}	^{114m}In[a]	3×10^{3}
^{53}Mn	9×10^{4}	^{79}Se	7×10^{2}	^{99}Mo[a]	5×10^{5}	^{115m}In	5×10^{7}
^{113}Sn[a]	1×10^{4}	^{132}Cs	4×10^{5}	^{150b}Eu	3×10^{6}	^{182}Hf[a]	1×10^{3}
^{117m}Sn	7×10^{4}	^{134}Cs	1×10^{3}	^{150a}Eu	4×10^{3}	^{178a}Ta	1×10^{8}
^{119m}Sn	1×10^{4}	^{134m}Cs	3×10^{8}	^{152}Eu	3×10^{3}	^{179}Ta	6×10^{4}
^{121m}Sn[a]	5×10^{3}	^{135}Cs	9×10^{3}	^{152m}Eu	4×10^{6}	^{182}Ta	5×10^{3}

续表

放射性核素	OIL6 预置值	放射性核素	OIL6 预置值	放射性核素	OIL6 预置值	放射性核素	OIL6 预置值
^{123}Sn	3×10^{3}	^{136}Cs	4×10^{4}	^{154}Eu	2×10^{3}	$^{178}W^{a}$	2×10^{5}
^{125}Sn	2×10^{4}	$^{137}Cs^{a}$	2×10^{3}	^{155}Eu	1×10^{4}	^{181}W	1×10^{5}
$^{126}Sn^{a}$	5×10^{2}	$^{131}Ba^{a}$	1×10^{5}	^{156}Eu	2×10^{4}	^{185}W	2×10^{4}
^{122}Sb	2×10^{5}	^{133}Ba	3×10^{3}	$^{146}Gd^{a}$	8×10^{3}	^{187}W	1×10^{6}
^{124}Sb	5×10^{3}	^{133m}Ba	9×10^{5}	^{148}Gd	1×10^{2}	$^{188}W^{a}$	3×10^{3}
$^{125}Sb^{a}$	3×10^{3}	$^{140}Ba^{a}$	1×10^{4}	^{153}Gd	2×10^{4}	^{184}Re	2×10^{4}
^{126}Sb	3×10^{4}	^{137}La	4×10^{4}	^{159}Gd	2×10^{6}	$^{184m}Re^{a}$	3×10^{3}
^{121}Te	1×10^{5}	^{140}La	2×10^{5}	^{157}Tb	9×10^{4}	^{186}Re	1×10^{5}
$^{121m}Te^{a}$	3×10^{3}	^{139}Ce	3×10^{4}	^{158}Tb	3×10^{3}	^{187}Re	5×10^{5}
^{123m}Te	5×10^{3}	^{141}Ce	3×10^{4}	^{160}Tb	7×10^{3}	^{188}Re	7×10^{5}
^{125m}Te	1×10^{4}	^{143}Ce	5×10^{5}	^{159}Dy	7×10^{4}	^{189}Re	8×10^{5}
^{127}Te	1×10^{7}	$^{144}Ce^{a}$	8×10^{2}	^{165}Dy	7×10^{7}	^{185}Os	2×10^{4}
$^{127m}Te^{a}$	3×10^{3}	^{142}Pr	6×10^{5}	$^{166}Dy^{a}$	6×10^{4}	^{191}Os	8×10^{8}
^{129}Te	2×10^{8}	^{143}Pr	4×10^{4}	^{166}Ho	5×10^{5}	^{191m}Os	1×10^{7}
$^{129m}Te^{a}$	6×10^{3}	^{147}Nd	6×10^{4}	^{166m}Ho	2×10^{3}	^{193}Os	7×10^{5}
^{131}Te	4×10^{8}	^{149}Nd	8×10^{7}	^{169}Er	2×10^{5}	$^{194}Os^{a}$	8×10^{2}
^{131m}Te	3×10^{5}	^{143}Pm	3×10^{4}	^{171}Er	6×10^{6}	^{189}Ir	2×10^{5}
$^{132}Tc^{a}$	5×10^{4}	^{144}Pm	6×10^{3}	^{167}Tm	1×10^{5}	^{190}Ir	6×10^{4}
^{123}I	5×10^{6}	^{145}Pm	3×10^{4}	^{170}Tm	5×10^{3}	^{192}Ir	8×10^{3}
^{124}I	1×10^{4}	^{147}Pm	1×10^{4}	^{171}Tm	3×10^{4}	^{194}Ir	6×10^{5}

续表

放射性核素	OIL6预置值	放射性核素	OIL6预置值	放射性核素	OIL6预置值	放射性核素	OIL6预置值
^{125}I	1×10^{3}	^{148m}Pm[a]	1×10^{4}	^{169}Yb	3×10^{4}	^{188}Pr[a]	6×10^{4}
^{126}I	2×10^{3}	^{149}Pm	3×10^{5}	^{175}Yb	4×10^{5}	^{191}Pt	9×10^{5}
^{129}I	NA[d]	^{151}Pm	8×10^{5}	^{172}Lu	1×10^{5}	^{193}Pt	8×10^{4}
^{131}I	3×10^{3}	^{145}Sm	2×10^{4}	^{173}Lu	2×10^{4}	^{193m}Pt	3×10^{5}
^{132}I	2×10^{7}	^{147}Sm	1×10^{2}	^{174}Lu	1×10^{4}	^{195m}Pt	3×10^{5}
^{133}I	1×10^{5}	^{151}Sm	3×10^{4}	^{174m}Lu	1×10^{4}	^{197}Pt	2×10^{6}
^{134}I	2×10^{8}	^{153}Sm	5×10^{5}	^{177}Lu	2×10^{5}	^{197m}Pt	1×10^{8}
^{135}I	2×10^{6}	^{147}Eu	8×10^{4}	^{172}Hf[a]	2×10^{3}	^{193}Au	8×10^{6}
^{129}Cs	1×10^{7}	^{148}Eu	2×10^{4}	^{175}Hf	3×10^{4}	^{194}Au	1×10^{6}
^{131}Cs	2×10^{6}	^{149}Eu	9×10^{4}	^{181}Hf	2×10^{4}	^{195}Au	2×10^{4}
^{198}Au	3×10^{5}	^{212}Bi[a]	7×10^{7}	^{233}U	1×10^{2}	^{244}Am	4×10^{6}
^{199}Au	5×10^{5}	^{210}Po	5.0	^{234}U	2×10^{2}	^{240}Cm	4×10^{3}
^{194}Hg[a]	2×10^{2}	^{211}At[a]	2×10^{5}	^{235}U[a]	2×10^{2}	^{241}Cm	3×10^{4}
^{195}Hg	2×10^{7}	^{223}Ra[a]	4×10^{2}	^{236}U	2×10^{2}	^{242}Cm	5×10^{2}
^{195m}Hg	8×10^{5}	^{224}Ra[a]	2×10^{3}	^{238}U[a]	1×10^{2}	^{243}Cm	6×10^{1}
^{197}Hg	1×10^{6}	^{225}Ra[a]	2×10^{2}	^{235}Np	7×10^{4}	^{244}Cm	7×10^{1}
^{197m}Hg	2×10^{6}	^{226}Ra[a]	2×10^{1}	^{236l}Np[a]	8×10^{2}	^{245}Cm	5×10^{1}
^{203}Hg	1×10^{4}	^{228}Ra	3.0	^{236s}Np	4×10^{6}	^{246}Cm	5×10^{1}
^{200}Tl	5×10^{6}	^{225}Ac	3×10^{3}	^{237}Np[a]	9×10^{1}	^{247}Cm	6×10^{1}
^{201}Tl	3×10^{6}	^{227}Ac[a]	5.0	^{239}Np	4×10^{5}	^{248}Cm	1×10^{1}

续表

放射性核素	OIL6 预置值	放射性核素	OIL6 预置值	放射性核素	OIL6 预置值	放射性核素	OIL6 预置值
^{202}Tl	2×10^{5}	^{228}Ac	7×10^{6}	^{236}Pu	1×10^{2}	^{247}Bk	2×10^{1}
^{204}Tl	3×10^{3}	^{227}Th[a]	9×10^{1}	^{237}Pu	2×10^{5}	^{249}Bk	1×10^{4}
^{201}Pb	2×10^{7}	^{228}Th[a]	2×10^{1}	^{238}Pu	5×10^{1}	^{248}Cf	2×10^{2}
^{202}Pb[a]	1×10^{3}	^{229}Th[a]	8.0	^{239}Pu	5×10^{1}	^{249}Cf	2×10^{1}
^{203}Pb	2×10^{6}	^{230}Th	5×10^{1}	^{239}Pu/^{9}Be	5×10^{1}	^{250}Cf	4×10^{1}
^{205}Pb	2×10^{4}	^{231}Th	2×10^{6}	^{240}Pu	5×10^{1}	^{251}Cf	2×10^{1}
^{210}Pb[a]	2.0	^{232}Th	4.0	^{241}Pu	4×10^{3}	^{252}Cf	4×10^{1}
^{212}Pb[a]	2×10^{5}	^{234}Th[a]	8×10^{3}	^{242}Pu	5×10^{1}	^{253}Cf	3×10^{4}
^{205}Bi	7×10^{4}	^{230}Pa	5×10^{4}	^{244}Pu[a]	5×10^{1}	^{254}Cf	3×10^{1}
^{206}Bi	8×10^{4}	^{231}Pa	2×10^{1}	^{241}Am	5×10^{1}	^{253}Es	5×10^{3}
^{207}Bi	3×10^{3}	^{233}Pa	3×10^{4}	^{241}Am/^{9}Be	5×10^{1}		
^{210}Bi	1×10^{5}	^{230}U[a]	8×10^{2}	^{242m}Am[a]	5×10^{1}		
^{210m}Bi	2×10^{2}	^{232}U	2×10^{1}	^{243}Am[a]	5×10^{1}		

注：[a] 表示表 D.3 中列出的有子核的放射性核素；假设其子体核素与母核放射性核素已达到平衡，因此，在评价其是否符合 OILs 时，不需要单独考虑。

[b] NA：不适用。

[c] 认为食入 ^{40}K 的剂量不太重要，因为 ^{40}K 不在人体内累积，而是保持在一个与摄入量无关的恒定水平。

[d] 由于活度低，因此不是辐射的重要来源。

OIL6 预设值中考虑到与母核达到平衡的子体核素表

母体放射性核素	在 OIL6 评价中考虑到与母核达到平衡的子体[a]
^{28}Mg	^{28}Al
^{32}Si	^{32}P
^{47}Ca	^{47}Sc(3.8)
^{44}Ti	^{44}Sc
^{52}Fe	^{50m}Mn
^{69m}Zn	^{69}Zn(1.1)
^{68}Ge	^{68}Ge
^{90}Sr	^{90}Y
^{87}Y	^{87m}Sr
^{95}Zr	^{95}Nb(2.2)
^{97}Zr	^{97m}Nb(0.95)，^{97}Nb
^{95m}Tc	^{95}Tc(0.041)
^{99}Mo	^{99m}Tc(0.96)
^{103}Ru	^{103m}Rh
^{106}Ru	^{106}Rh
^{103}Pd	^{103m}Rh
^{109}Pd	^{109m}Ag
^{108m}Ag	^{108}Ag(0.09)
^{110m}Ag	^{110}Ag(0.013)
^{109}Cd	^{109m}Ag
^{115}Cd	^{115m}In(1.1)
^{114m}In	^{114}In(0.96)
^{113}Sn	^{113m}In
^{121m}Sn	^{121}Sn(0.78)
^{126}Sn	^{126m}Sb，^{126}Sb(0.14)
^{125}Sb	^{125m}Te(0.24)
^{121m}Te	^{121}Te
^{127m}Te	^{127}Te
^{129m}Te	^{129}Te(0.65)
^{132}Te	^{132}I
^{137}Cs	^{137m}Ba

续表

母体放射性核素	在 OIL6 评价中考虑到与母核达到平衡的子体[a]
^{131}Ba	^{131}Cs(5.6)
^{140}Ba	^{140}La(1.2)
^{144}Ce	^{144m}Pr(0.018)，^{144}Pr
^{148m}Pm	^{148}Pm(0.053)
^{146}Gd	^{146}Eu
^{166}Dy	^{166}Ho(1.5)
^{172}Hf	^{172}Lu
^{182}Hf	^{182}Ta
^{178}W	^{178a}Ta
^{188}W	^{188}Re
^{184m}Re	^{184}Re(0.97)
^{194}Os	^{194}Ir
^{188}Pt	^{188}Ir(1.2)
^{194}Hg	^{194}Au
^{202}Pb	^{202}Tl
^{210}Pb	^{210}Bi，^{210}Po
^{212}Pb	^{212}Bi，^{208}Tl(0.40)，^{212}Po(0.71)
^{210m}Bi	^{206}Ti
^{212}Bi	^{208}Tl(0.36)，^{212}Po(0.65)
^{211}At	^{211}Po(0.58)
^{222}Rn	^{218}Po，^{214}Pb，^{214}Bi，^{211}Po
^{223}Ra	^{219}Rn，^{215}Po，^{211}Pb，^{211}Bi，^{207}Tl
^{224}Ra	^{220}Rn，^{216}Po，^{212}Pb，^{212}Bi，^{208}Tl(0.36)，^{212}Po(0.65)
^{225}Ra	^{225}Ac(3.0)，^{221}Fr(3.0)，^{217}At(3.0)，^{213}Bi(3.0)，^{213}Po(2.9)，^{209}Pb(2.9)，^{209}Tl(0.067)，^{209}Pb(0.067)
^{226}Ra	^{222}Rn，^{218}Po，^{214}Pb，^{214}Bi，^{214}Po
^{225}Ac	^{221}Fr，^{217}At，^{213}Bi，^{213}Po(0.98) ，^{209}Pb，^{209}Tl(0.022)
^{227}Ac	^{227}Th(0.99)，^{223}Ra(0.99)，^{219}Rn（0.99），^{215}Po(0.99)，^{211}Pb(0.99)，^{211}Bi(0.99)，^{207}Tl(0.99)，^{223}Fr(0.014)，^{223}Ra (0.014)，^{219}Rn(0.014)，^{215}Po(0.014)，^{211}Pb(0.014)，^{211}Bi (0.014)，^{207}Tl(0.014)
^{227}Th	^{223}Ra(2.6)，^{219}Rn(2.6)，^{215}Po(2.6)，^{211}Pb(2.6)，^{211}Bi(2.6)，^{207}Tl(2.6)
^{228}Th	^{224}Ra，^{220}Rn，^{216}Po，^{212}Pb，^{212}Bi，^{208}Tl(0.36)，^{212}Po(0.64)

续表

母体放射性核素	在 OIL6 评价中考虑到与母核达到平衡的子体[a]
^{229}Th	^{225}Ra，^{225}Ac，^{221}Fr，^{217}At，^{213}Bi，^{213}Po(0.98)，^{209}Pb(0.98)，^{209}Tl(0.20)，^{209}Pb(0.02)
^{234}Th	^{234m}Pa
^{232}U	^{226}Th，^{222}Ra，^{218}Rn，^{214}Po
^{235}U	^{231}Th
^{238}U	^{234}Th，^{234m}Pa
^{237}Np	^{233}Pa
^{244}Pu	^{240}U，^{240m}Np
^{242m}Am	^{240}Am，^{242}Cm(0.83)
^{243}Am	^{239}Np

注：[a] 括号内值是假定存在的放射性核素值为相对活度；是与母体放射性核素平衡时，该放射性核素子体活度相对母体核素活度的比值。其他未列出比值的子体核素，比值均 1。

参考文献

[1] 杨福家，王炎森，陆福金，等. 原子核物理［M］. 2 版.上海：复旦大学出版社，2006.

[2]《注册核安全工程师岗位培训丛书》编委会. 核安全综合知识［M］. 北京：中国环境科学出版社，2004.

[3] 夏益华. 电离辐射防护基础与实践［M］. 北京：中国原子能出版社，2011.

[4] 张勇. 核电厂辐射防护［M］. 北京：中国原子能出版传媒有限公司，2011.

[5] 王百荣. 核应急监测与技术支持指导手册［M］. 北京：国防大学出版社，2017

[6] 国际放射防护委员会. 在放射攻击事件中人员辐射照射的防护［M］. 潘自强，译. 北京：原子能出版社，2005.

[7] 岳会国. 核事故应急准备与响应手册［M］. 北京：中国环境科学出版社，2012.

[8] 潘自强.电离辐射环境监测与评价［M］. 北京：原子能出版社，2007.

[9] 李铁虎，等，译. 核与辐射安全：国土安全和响应的防护与管理［M］. 北京：军事谊文出版社，2012.

[10] 联合国环境规划署. 辐射：影响与源［M］. 中国辐射防护学会，译. 北京：科学技术出版社，2016.

[11] 孙亮，李士骏.电离辐射剂量学基础［M］. 3 版.北京：中国原子能出版社，2014.

[12] 潘自强.核与辐射恐怖事件管理［M］. 北京：科学出版社，2005.

[13] 中华人民共和国国家标准. GB 18871—2002 电离辐射防护与辐射源安

全基本标准［S］. 北京：中国标准出版社，2004.

［14］中华人民共和国国家标准. GB/T 4960.5—1996 核科学技术术语　辐射防护与辐射源安全［S］. 北京：中国标准出版社，1996.

［15］中华人民共和国核工业标准. EJ 435—89 放射性污染防护服的设计、检验、选择和适用［S］. 北京：中国核工业总公司，1989.

［16］中华人民共和国核工业标准. EJ 513—90 放射性污染防护手套［S］. 北京：中国核工业总公司，1990.

［17］中华人民共和国国家标准. GBZ/T 183—2006 电离辐射与防护常用量和单位［S］. 北京：人民卫生出版社，2007.

［18］中华人民共和国国家标准. GBZ/T 271—2016 核或辐射应急准备与响应通用准则［S］. 北京：中国标准出版社，2016.

［19］IAEA. Operational intervention levels for reactor emergencies [R]. IAEA EPR-NPP-OIL, Vienna:IAEA, 2017.

［20］IAEA Actions to protect the public in an emergency due to severe condition at a light water reactor [R]. IAEA EPR-NPP, Vienna: IAEA,2013.

［21］IAEA. Criteria for use preparedness and response for a nuclear or radiological emergency[R]. IAEA-GSG-2, Vienna:IAEA, 2011.

［22］ICRP. Recommendations of the international commission on radiological protection (Users Edition) [M]. 2007.